U0293768

长江人文馆 Humanities

插图珍藏版

陈从周说园

陈从周/著

长江出版传媒 长江文艺出版社

图书在版编目（CIP）数据

陈从周说园 / 陈从周著. -- 武汉：长江文艺出版
社，2020.11（2025.4 重印）
（长江人文馆）
ISBN 978-7-5702-1634-5

Ⅰ. ①陈… Ⅱ. ①陈… Ⅲ. ①园林艺术－中国－文集
Ⅳ. ①TU986.62-53

中国版本图书馆 CIP 数据核字(2020)第 093784 号

责任编辑：梅若冰   责任校对：程华清
封面设计：天行云翼·宋晓亮   责任印制：邱 莉 韩 燕

出版：长江出版传媒 | 长江文艺出版社
地址：武汉市雄楚大街 268 号   邮编：430070
发行：长江文艺出版社
http://www.cjlap.com
印刷：湖北新华印务有限公司

开本：640 毫米×970 毫米   1/16   印张：17.25   插页：8 页
版次：2020 年 11 月第 1 版   2025 年 4 月第 2 次印刷
字数：164 千字

定价：38.00 元

序

同济大学建筑与城市规划学院院长、教授　李振宇

整整二十年前，在 2000 年 3 月，在春雨绵绵时节里，陈从周先生与世长辞，一代园林大师离开了我们。但是在学术上，他其实并没有远去，没有远离他钟爱的园林艺术，没有远离同济大学，也没有远离我们这些学生。他的园林思想、治学方法和人生智慧，通过他的著作和文章，始终在影响着我们，激励着我们。

在这二十年中，上海、南京、北京、杭州等多家不同的出版社编辑出版了许多种陈先生的全集、文集、选集，也有重排的《说园》、《苏州园林》等名篇。同济大学建筑与城市规划学院在过去的二十年里，曾四次专门组织编写纪念书籍：2002 年学院五十年院庆时，编辑出版了《陈从周纪念文集》；2007 年同济大学百年校庆时，编辑出版了《陈从周画集》；2014 年，又编

辑出版了《园林大师陈从周》；2018 年纪念陈先生百年诞辰时，编辑出版了《陈从周造园三章》。我曾有幸参加了四次编委会的相关工作，收获良多。这既是对先生的纪念，也得以经常温习先生的学术思想，对自己教学、研究和设计创作，对自己的认识世界和自我的方式，都有极大的帮助。

今天，陈先生的小女儿陈馨女士与长江文艺出版社合作，编成《陈从周说园》一书，分为四部分，共 40 篇。在陈先生数以千计的文章中用心选出几十篇来，一定是有其深意的。

第一部分是《梓翁说园》，共收入《说园》5 篇，这是先生花甲之年最成熟的代表文章，是对中国园林的基本目标、法则和手法的整体论述，是园林界的《人间词话》。以我粗浅的理解，《说园》五篇重点讲了五个要点：造园的目的，是"诗情画意"；造园的法则，是"因地制宜"；造园的三种基本手法，是"动观静观""对景借景""小中见大"。五个要点不是孤立的，是相互联系成为一个整体的。

第二部分为《游园拾画》，收入园记、游记 16 篇，可谓是当代的《洛阳名园记》。陈先生自幼习文，旧学功底深厚，尤喜"经史子集"中的"集"。他十分喜欢李格非、李清照父女，所作园记与宋人有三分相像：记史唯简，写景概括，抒情深刻。可谓史家心，画家眼，诗人情。

第三部分为《贫女巧梳头》，收入《梓室谈美》等 10 篇。这部分的文章主要是谈造园美学、谈园林美学的元素和手法，是对计成的《园冶》的补充和发展，是结合今天的生活进行的具体设计手法的呈现。最后一篇就是先生当年经常说起的"贫家勤扫地，贫女巧梳头"：主张造园必须因地制宜，反对庸俗繁琐，崇尚简朴淡雅。

第四部分为《园日涉以成趣》，收入同名文章等9篇。这是取陶渊明《归去来兮辞》中的名句，讲园林与中国传统艺术，园林与日常生活的关系，有如李笠翁的《一家言》。先生生前经常强调，中国园林是中国艺术的集成：诗歌，绘画，戏曲，一直到中国人的人生哲学，宇宙观念，都在园林中得到相应的体现。

《人间词话》《洛阳名园记》《园冶》《一家言》，都是先生喜欢的书，也是先生经常引用的书。今天，《陈从周说园》这样四个部分的呈现方式，是很贴切地反映了先生论述园林的风格的。

我曾经想，假如问陈先生："您能不能用一句话来概括中国园林呢？"

先生很有可能回答说：

"园林就是诗情画意。"

谨此为序。

2020 年 1 月 28 日

目 录

园日涉以成趣

梓翁说园

说　园[①]

我国造园具有悠久的历史，在世界园林中树立着独特风格，自来学者从各方面进行分析研究，各抒高见。如今就我在接触园林中所见闻掇拾到的，提出来谈谈，姑名《说园》。

园有静观、动观之分，这一点我们在造园之先，首要考虑。何谓静观？就是园中予游者多驻足的观赏点。动观就是要有较长的游览线。二者说来，小园应以静观为主，动观为辅。庭院专主静观。大园则以动观为主，静观为辅。前者如苏州"网师园"，后者则苏州"拙政园"差可似之。人们进入网师园宜坐宜留之建筑多，绕池一周，有槛前细数游鱼，有亭中待月迎风，

----

① 此文系作者 1978 年春应上海植物园所请的讲话稿，经整理而成。

而轩外花影移墙，峰峦当窗，宛然如画，静中生趣。至于拙政园径缘池转，廊引人随，与"日午画船桥下过，衣香人影太匆匆"的瘦西湖相仿佛，妙在移步换影，这是动观。立意在先，文循意出。动静之分，有关园林性质与园林面积大小。像上海正在建造的盆景园，则宜以静观为主，即为一例。

中国园林是由建筑、山水、花木等组合而成的一个综合艺术品，富有诗情画意。叠山理水要造成"虽由人作，宛自天开"的境界。山与水的关系究竟如何呢？简言之，范山模水，用局部之景而非缩小（网师园水池仿虎丘白莲池，极妙），处理原则悉符画本。山贵有脉，水贵有源，脉源贯通，全园生动。我曾经用"水随山转，山因水活"与"溪水因山成曲折，山蹊（路）随地作低平"来说明山水之间的关系，也就是从真山真水中所得到的启示。明末清初叠山家张南垣主张用平冈小陂、陵阜陂阪，也就是要使园林山水接近自然。如果我们能初步理解这个道理，就不至于离自然太远，多少能呈现水石交融的美妙境界。

中国园林的树木栽植，不仅为了绿化，且要具有画意。窗外花树一角，即折枝尺幅；山间古树三五，幽篁一丛，乃模拟枯木竹石图。重姿态，不讲品种，和盆栽一样，能"入画"。拙政园的枫杨、网师园的古柏，都是一园之胜，左右大局，如果这些饶有画意的古木去了，一园景色顿减。树木品种又多有特色，如苏州留园原多白皮松，怡园多松、梅，沧浪亭满种箬竹，各具风貌。可是近年来没有注意这个问题，品种搞乱了，各园个性渐少，似要引以为戒。宋人郭熙说得好："山以水为血脉，以草为毛发，以烟云为神采。"草尚如此，何况树木呢！我总觉得一个地方的园林应该有那个地方的植物特色，并且土生土长的树木存活率高、成长得快，几年可茂然成林。它与植物园有别，是以观赏为主，而非以种多斗奇。要能做到"园以景胜，景因园异"，那真是不容易。这当然也包括花卉在内。同中求不同，不同中求同，我国园林是各具风格的。古代园林在这方面下过功夫，虽亭台楼阁，山石水池，而能做到风花雪月，光景常新。我们民族在欣赏艺术上存乎一种特性，花木重姿态，音乐重旋律，书画重笔意等，都表现了要用水磨功夫，才能达到耐看耐听，经得起细细的推敲，蕴藉有余味。在民族形式的探讨上，这些似乎对我们有所启发。

园林景物有仰观、俯观之别，在处理上亦应区别对待。楼阁掩映，山石森严，曲水湾环，都存乎此理。"小红桥外小红亭，小红亭畔，高柳万蝉声。""绿杨影里，海棠亭畔，红杏梢头。"这些词句不但写出园景层次，有空间感和声感，同时高柳、杏梢，又都把人们视线引向仰观。文学家最敏感，我们造园者应向他们学习。至于"一丘藏曲折，缓步百跻攀"，则又皆留心俯视所致。因此园林建筑物的顶，假山的脚，水口，树梢，都不能草率从事，要着意安排。山际安亭，水边留矶，是能引人仰观、俯观的方法。

我国名胜也好，园林也好，为什么能这样勾引无数中外游人百看不厌呢？风景洵美，固然是重要原因，但还有个重要因素，即其中有文化、有历史。我曾提过风景区或园林有文物古迹，可丰富其文化内容，使游人产生更多的兴会、联想，不仅仅是到此一游，吃饭喝水而已。文物与风景区园林相结合，文物赖以保存，园林借以丰富多彩，两者相辅相成，不矛盾而统一。这样才能体现出一个有古今文化的社会主义中国园林。

中国园林妙在含蓄，一山一石耐人寻味。立峰是一种抽象雕刻品，美人峰细看才像美人，九狮山亦然。鸳鸯厅的前后梁架，形式不同，不说不明白，一说才恍然大悟，竟寓鸳鸯之意。奈何今天有许多好心肠的人，唯恐游者不了解，水池中装了人工大鱼，熊猫馆前站着泥塑熊猫，如做着大广告，与含蓄两字背道而驰，失去了中国园林的精神所在，真太煞风景。鱼要隐现方妙，熊猫馆以竹林引胜，渐入佳境，游者反多增趣味。过去有些园名如寒碧山庄（留园）[①]、梅园、网师园，都可顾名思义，园内的特色是白皮松、梅、水。尽人皆知的西湖十景，更是佳例。

亭榭之额真是赏景的说明书，拙政园的荷风四面亭，人临其境，即无荷风，亦觉风在其中，发人遐思。而联对文辞之隽永，书法之美妙，更令人一唱三叹，徘徊不已。镇江焦山顶的

---

① 见刘蓉峰（恕）《寒碧山庄记》："予因而葺之，拮据五年，粗有就绪。以其中多植白皮松，故名寒碧庄。罗致太湖石颇多，皆无甚奇，乃于虎阜之阴砂碛中获见一石笋，广不满二尺，长几二丈。询之土人，俗呼为斧劈石，盖川产也。不知何人辇至卧于此间，亦不知历几何年。予以百舠艘载归，峙于寒碧庄听雨楼之西。自下而窥，有干霄之势，因以为名。"此隶书石刻残碑，我于1975年12月发现，今存留园。

"别峰庵"，为郑板桥读书处，小斋三间，一庭花树，门联写着"室雅何须大，花香不在多"，游者见到，顿觉心怀舒畅，亲切地感到景物宜人，博得人人称好，游罢个个传诵。至于匾额，有砖刻、石刻，联屏有板对、竹对、板屏、大理石屏，外加石刻书条石，皆少用画，比具体的形象来得曲折耐味。其所以不用装裱的屏联，因园林建筑多敞口，有损纸质，额对露天者用砖石，室内者用竹木，皆因地制宜而安排。住宅之厅堂斋室，悬挂装裱字画，可增加内部光线及音响效果，使居者有明朗清静之感，有与无，情况大不相同。当时宣纸规格、装裱大小皆有一定，乃根据建筑尺度而定。

园林中曲与直是相对的，要曲中寓直，灵活应用，曲直自如。画家讲画树，要无一笔不曲，斯理至当。曲桥、曲径、曲廊，本来在交通意义上，是由一点到另一点而设置的。园林中两侧都有风景，随直曲折一下，使行者左右顾盼有景，信步其间使距程延长，趣味加深。由此可见，曲本直生，重在曲折有度。有些曲桥，定要九曲，既不临水面（园林桥一般要低于两岸，有凌波之意），生硬屈曲，行桥宛若受刑，其因在于不明此理（上海豫园前九曲桥即坏例）。

造园在选地后，就要因地制宜，突出重点，作为此园之特征，表达出预想的境界。北京圆明园，我说它是"因水成景，借景西山"，园内景物皆因水而筑，招西山入园，终成"万园之园"。无锡寄畅园为山麓园，景物皆面山而构，纳园外山景于园内。网师园以水为中心，殿春簃一院虽无水，西南角凿冷泉，贯通全园水脉，有此一眼，绝处逢生，终不脱题。新建东部，设计上既背固有设计原则，且复无水，遂成僵局，是事先对全园未作周密的分析，不假思索而造成的。

园之佳者如诗之绝句，词之小令，皆以少胜多，有不尽之意，寥寥几句，弦外之音犹绕梁间（大园总有不周之处，正如长歌慢调，难以一气呵成）。我说园外有园，景外有景，即包括在此意之内。园外有景妙在"借"，景外有景在于"时"，花影、树影、云影、水影、风声、水声、鸟语、花香，无形之景，有形之景，交响成曲。所谓诗情画意盎然而生，与此有密切关系。

万顷之园难以紧凑，数亩之园难以宽绰。紧凑不觉其大，游无倦意，宽绰不觉局促，览之有物，故以静、动观园，有缩地扩基之妙。而大胆落墨，小心收拾（画家语），更为要谛，使宽处可容走马，密处难以藏针（书家语）。故颐和园有烟波浩渺之昆明湖，复有深居山间的谐趣园，于此可悟消息。造园有法而无式，在于人们的巧妙运用其规律。计成所说的"因借"（因地制宜，借景），就是法。《园冶》一书终未列式。能做到园有大小之分，有静观动观之别，有郊园市园之异，等等，各臻其妙，方称"得体"（体宜）。中国画的兰竹看来极简单，画家能各具一格；古典折子戏，亦复喜看，每个演员演来不同，就是各有独到之处。造园之理与此理相通。如果定一式，使学者死守之，奉为经典，则如画谱之有《芥子园》，文章之有"八股"一样。苏州网师园是公认为小园极则，所谓"少而精，以少胜多"。其设计原则很简单，运用了假山与建筑相对而互相更换的一个原则（苏州园林基本上用此法。网师园东部新建反其道，终于未能成功），无旱船、大桥、大山，建筑物尺度略小，数量适可而止，亭亭当当，像个小园格局。反之，狮子林增添了大船，与水面不称，不伦不类，就是不"得体"。清代汪春田重葺文园有诗："换却花篱补石阑，改园更比改诗难；果能字字吟来稳，小有亭台亦耐看。"说得透彻极了，到今天读起此诗，对造园工作者来说，还是十分亲切的。

园林中的大小是相对的，不是绝对的，无大便无小，无小也无大。园林空间越分隔，感到越大，越有变化，以有限面积，造无限的空间，因此大园包小园，即基此理（大湖包小湖，如西湖三潭印月）。此例极多，几成为造园的重要处理方法。佳者如拙政园之枇杷园、海棠坞，颐和园的谐趣园等，都能达到很高的艺术效果。如果入门便觉是个大园，内部空旷平淡，令人望而生畏，即入园亦未能游遍全园，故园林不起游兴是失败的。如果景物有特点，委婉多姿，游之不足，下次再来。风景区也好，园林也好，不要使人一次游尽，留待多次有何不好呢？我很惋惜很多名胜地点，为了扩大空间，更希望能一览无余，甚至于希望能一日游或半日游，一次观完，下次莫来，将许多古名胜园林的围墙拆去，大是大了，得到的是空，西湖平湖秋月、西泠印社都有这样的后果。西泠饭店造了高层，葛岭矮小了一半。扬州瘦西湖妙在瘦字，今后不准备在其旁建造高层建筑，是有远见的。本来瘦西湖风景区是一个私家园林群（扬州城内的花园巷，同为私家园林群，一用水路交通，一用陆上交通），其妙在各园依水而筑，独立成园，既分又合，隔院楼台，红杏出墙，历历倒影，宛若图画。虽瘦而不觉寒酸，反窈窕多姿。今天感到美中不足的，似觉不够紧凑，主要建筑物少一些，分隔不够。在以后的修建中，这个原来瘦西湖的特征，还应该保留下来。拙政园将东园与之合并，大则大矣，原来部分益现局促，而东园辽阔，游人无兴，几成为过道。分之两利，合之两伤。

本来中国木构建筑，在体形上有其个性与局限性，殿是殿，厅是厅，亭是亭，各具体例，皆有一定的尺度，不能超越，画虎不成反类犬，放大缩小各有范畴。平面使用不够，可几个建筑相连，如清真寺礼拜殿用勾连搭的方法相连，或几座建筑缀以廊庑，成为一组。拙政园东部将亭子放大了，既非阁，又不像亭，人们看不惯，有很多意见。相反，瘦西湖五亭桥与白塔是模仿北京北海大桥、五龙亭及白塔，因为地位不够大，将桥与亭合为一体，形成五亭桥，白塔体形亦相应缩小，这样与湖面相称了，形成了瘦西湖的特征，不能不称佳构，如果不加分析，难以辨出它是一个北海景物的缩影，做得十分"得体"。

远山无脚，远树无根，远舟无身（只见帆），这是画理，亦造园之理。园林的每个观赏点，看来皆一幅幅不同的画，要深远而有层次。"常倚曲阑贪看水，不安四壁怕遮山。"如能懂得这些道理，宜掩者掩之，宜屏者屏之，宜敞者敞之，宜隔者隔之，宜分者分之，等等，见其片断，不逞全形，图外有画，咫尺千里，余味无穷。再具体点说：建亭须略低山巅，植树不宜峰尖，山露脚而不露顶，露顶而不露脚，大树见梢不见根，见根不见梢之类。但是运用上却细致而费推敲，小至一树的修剪，片石的移动，都要影响风景的构图。真是一枝之差，全园败景。拙政园玉兰堂后的古树枯死，今虽补植，终失旧貌。留园曲溪楼前有同样的遭遇。至此深深体会到，造园困难，管园亦不易，一个好的园林管理者，他不但要考察园的历史，更应知道园的艺术特征，等于一个优秀的护士对病人作周密细致的了解。尤其重点文物保护单位，更不能鲁莽从事，非经文物主管单位同意，须照原样修复，不得擅自更改，否则不但破坏园林风格，且有损文物，关系到党的文物政策问题。

郊园多野趣，宅园贵清新。野趣接近自然，清新不落常套。无锡蠡园为庸俗无野趣之例，网师园属清新典范。前者虽大，好评无多；后者虽小，赞辞不已。至此可证园不在大而在精，方称艺术上品。此点不仅在风格上有轩轾，就是细至装修陈设皆有异同。园林装修同样强调因地制宜，敞口建筑重线条轮廓，玲珑出之，不用精细的挂落装修，因易损伤；家具以石凳、石桌、砖面桌之类，以古朴为主。厅堂轩斋有门窗者，则配精细的装修。其家具亦为红木、紫檀、楠木、花梨所制，配套陈设，夏用藤棚椅面，冬加椅披椅垫，以应不同季节的需要。但亦须根据建筑物的华丽与雅素，分别作不同的处理，华丽者用红木、紫檀，雅素者用楠木、花梨；其雕刻之繁简亦同样对待。家具俗称"屋肚肠"，其重要可知，园缺家具，即胸无点墨，水平高下自在其中。过去网师园的家具陈设下过大功夫，确实做到相当高的水平，使游者更全面地领会我国园林艺术。

古代园林张灯夜游是一件大事，屡见诗文，但张灯是盛会，许多名贵之灯是临时悬挂的，张后即移藏，非永久固定于一地。灯也是园林一部分，其品类与悬挂亦如屏联一样，皆有定格，大小形式各具特征。现在有些园林为了适应夜游，都装上电灯，往往破坏园林风格，正如宜兴善卷洞一样，五色缤纷，宛若餐厅，几不知其为洞穴。要还我自然。苏州狮子林在亭的戗角头装灯，甚是触目。对古代建筑也好，园林也好，名胜也好，应该审慎一些，不协调的东西少强加于它。我以为照明灯应隐，装饰灯宜显，形式要与建筑协调。至于装挂地位，敞口建筑与封闭建筑有别，有些灯玲珑精巧不适用于空廊者，挂上去随风摇曳，有如塔铃，灯且易损，不可妄挂。而电线电杆更应注意，既有害园景，且阻视线，对拍照人来说，真是有苦说不出。凡兹琐琐，虽多陈音俗套，难免絮聒之讥，似无关大局，然精益求精，繁荣文化，愚者之得，聊资参考！

《同济大学学报》建筑版 1978 年第 2 期

续说园

　　造园一名构园，重在构字，含意至深。深在思致，妙在情趣，非仅土木绿化之事。杜甫《陪郑广文游何将军山林十首》《重过何氏五首》，一路写来，园中有景，景中有人，人与景合，景因人异。吟得与构园息息相通，"名园依绿水，野竹上青霄"，"绿垂风折笋，红绽雨肥梅"，园中景也。"兴移无洒扫，随意坐莓苔"，"石阑斜点笔，桐叶坐题诗"，景中人也。有此境界，方可悟构园神理。

　　风花雪月，客观存在，构园者能招之即来，听我驱使，则境界自出。苏州网师园，有亭名"月到风来"，临池西向，有粉墙若屏，正撷此景精华，风月为我所有矣。西湖三潭印月，如无潭则景不存，谓之点景。画龙点睛，破壁而出，其理自同。

有时一景"相看好处无一言",必借之以题辞,辞出而景生。《红楼梦》"大观园试才题对额"一回(第十七回),描写大观园工程告竣,各处亭台楼阁要题对额,说:"若大景致,若干亭榭,无字标题,任是花柳山水,也断不能生色。"由此可见题辞是起"点景"之作用。题辞必须流连光景,细心揣摩,谓之"寻景"。清人江弢叔有诗云:"我要寻诗定是痴,诗来寻我却难辞;今朝又被诗寻着,满眼溪山独去时。""寻景"达到这一境界,题辞才显神来之笔。

我国古代造园,大都以建筑物为开路。私家园林,必先造花厅,然后布置树石,往往边筑边拆,边拆边改,翻工多次,而后妥帖。沈元禄记猗园谓:"奠一园之体势者,莫如堂;据一园之形胜者,莫如山。"盖园以建筑为主,树石为辅,树石为建筑之连缀物也。今则不然,往往先凿池铺路,主体建筑反落其后,一园未成,辄动万金,而游人尚无栖身之处,主次倒置,遂成空园。至于绿化,有些园林、风景区、名胜古迹,砍老木,栽新树,俨若苗圃,美其名为"以园养园",亦悖常理。

园既有"寻景",又有"引景"。何谓"引景"?即点景引人。西湖雷峰塔圮后,南山之景全虚。景有情则显,情之源来于人。"芳草有情,斜阳无语,雁横南浦,人倚西楼。"无楼便无人,无人即无情,无情亦无景,此景关键在楼。证此可见建筑物之于园林及风景区的重要性了。

前人安排景色,皆有设想,其与具体环境不能分隔,始有独到之笔。西湖满觉陇一径通幽,数峰环抱,故配以桂丛,香溢不散，而泉流淙淙，山气霏霏，花滋而馥郁，宜其秋日赏桂，游人信步盘桓，流连忘返。闻今已开公路，宽道扬尘，此景顿败。至于小园植树，其具芬芳者，皆宜围墙。而芭蕉分翠，忌风碎叶，故栽于墙根屋角；牡丹香花，向阳斯盛，须植于主厅之南。此说明植物种植，有藏有露之别。

盆栽之妙在小中见大。"栽来小树连盆活，缩得群峰入座青"，乃见巧虑。今则越放越大，无异置大象于金丝鸟笼。盆栽三要：一本，二盆，三架，缺一不可。宜静观，须孤赏。

我国古代园林多封闭，以有限面积，造无限空间，故"空灵"二字，为造园之要谛。花木重姿态，山石贵丘壑，以少胜多，须概括、提炼。曾记一戏台联："三五步，行遍天下；六七人，雄会万师。"演剧如此，造园亦然。

白皮松独步中国园林，因其体形松秀，株干古拙，虽少年已是成人之概。杨柳亦宜装点园林，古人诗词中屡见不鲜，且有以万柳名园者。但江南园林则罕见之，因柳宜濒水，植之宜三五成行，叶重枝密，如帷如幄，少透漏之致，一般小园，不能相称。而北国园林，面积较大，高柳侵云，长条拂水，柔情万千，别饶风姿，为园林生色不少。故具体事物必具体分析，不能强求一律。有谓南方园林不植杨柳，因蒲柳早衰，为不吉之兆。果若是，则拙政园何来"柳荫路曲"一景呢？

风景区树木，皆有其地方特色。即以松而论，有天目山松、黄山松、泰山松等，因地制宜，以标识各座名山的天然秀色。如今有不少"摩登"园林家，以"洋为中用"来美化祖国河山，用心极苦。即以雪松而论，几如药中之有青霉素，可治百病，全国园林几将遍植。"白门（南京）杨柳可藏鸦"，"绿杨城郭是扬州"，今皆柳老不飞絮，户户有雪松了。泰山原以泰山松独步天下，今在岱庙中也种上雪松，古建筑居然西装革履，无以名之，名之曰"不伦不类"。

园林中亭台楼阁，山石水池，其布局亦各有地方风格，差异特甚。旧时岭南园林，每周以楼，高树深池，荫翳生凉，水殿风来，溽暑顿消，而竹影兰香，时盈客袖，此唯岭南园林得之，故能与他处园林分庭抗衡。

园林中求色，不能以实求之。北国园林，以翠松朱廊衬以蓝天白云，以有色胜。江南园林，小阁临流，粉墙低桠，得万千形象之变。白本非色，而色自生；池水无色，而色最丰。色中求色，不如无色中求色。故园林当于无景处求景，无声处求声，动中求动，不如静中求动。景中有景，园林之大镜、大池也，皆于无景中得之。

小园树宜多落叶，以疏植之，取其空透；大园树宜适当补常绿，则旷处有物。此为以疏救塞，以密补旷之法。落叶树能见四季，常绿树能守岁寒，北国早寒，故多植松柏。

石无定形，山有定法。所谓法者，脉络气势之谓，与画理一也。诗有律而诗亡，词有谱而词衰，汉魏古风、北宋小令，其卓绝处不能以格律绳之者。至于学究咏诗，经生填词，了无性灵，遑论境界。造园之道，消息相通。

假山平处见高低，直中求曲折，大处着眼，小处入手。黄石山起脚易，收顶难；湖石山起脚难，收顶易。黄石山要浑厚中见空灵，湖石山要空灵中寓浑厚。简言之，黄石山失之少变化，湖石山失之太琐碎。石形、石质、石纹、石理，皆有不同，不能一律视之，中存辩证之理。叠黄石山能做到面面有情，多转折；叠湖石山能达到宛转多姿，少做作，此难能者。

　　叠石重拙难，树古朴之峰尤难，森严石壁更非易致。而石矶、石坡、石磴、石步，正如云林小品，其不经意处，亦即全神最贯注处，非用极大心思，反复推敲，对全景作彻底之分析解剖，然后以轻灵之笔，随意着墨，正如颊上三毛，全神飞动。不经意之处，要格外经意。明代假山，其厚重处，耐人寻味者正在此。清代同光时期假山，欲以巧取胜，反趋纤弱，实则巧夺天工之假山，未有不从重拙中来。黄石之美在于重拙，自然之理也。没其质性，必无佳构。

明代假山，其布局至简，磴道、平台、主峰、洞壑，数事而已，千变万化，其妙在于开合。何以言之？开者山必有分，以涧谷出之，上海豫园大假山佳例也。合者必主峰突兀，层次分明，而山之余脉，石之散点，皆开之法也。故旱假山之山根、散石，水假山之石矶、石濑，其用意一也。明人山水画多简洁，清人山水画多烦琐，其影响两代叠山，不无关系。

明张岱《陶庵梦忆》中评仪征汪园三峰石云："余见其弃地下一白石，高一丈、阔二丈而痴，痴妙。一黑石阔八尺、高丈五而瘦，瘦妙。"痴妙，瘦妙，张岱以"痴"字、"瘦"字品石，盖寓情在石。清龚自珍品人用"清丑"一辞，移以品石极善。广州园林新点黄蜡石，甚顽。指出"顽"字，可补张岱二妙之不足。

假山有旱园水做之法，如上海嘉定秋霞圃之后部，扬州二分明月楼前部之叠石，皆此例也。园中无水，而利用假山之起伏，平地之低降，两者对比，无水而有池意，故云水做。至于水假山以旱假山法出之，旱假山以水假山法出之，则谬矣。因旱假山之脚与水假山之水口两事也。他若水假山用崖道、石矶、湾头，旱假山不能用；反之旱假山之石根，散点又与水假山者异趣。至于黄石不能以湖石法叠，湖石不能运黄石法，其理更明。总之，观天然之山水，参画理之所示，外师造化，中发心源，举一反三，无往而不胜。

园林有大园包小园，风景有大湖包小湖，西湖三潭印月为后者佳例。明人钟伯敬所撰《梅花墅记》："园于水，水之上下左右，高者为台，深者为室，虚者为亭，曲者为廊，横者为渡，竖者为石，动植者为花鸟，往来者为游人，无非园者。然则人何必各有其园也，身处园中，不知其为园。园之中、各有园，而后知其为园，此人情也。"造园之学，有通哲理，可参证。

园外之景与园内之景，对比成趣，互相呼应，相地之妙，技见于斯。钟伯敬《梅花墅记》又云："大要三吴之水，至甫里（甪直）始畅，墅外数武反不见水，水反在户以内。盖别为暗窦，引水入园，开扉坦步，过杞菊斋……登阁所见，不尽为水。然亭之所跨，廊之所往，桥之所踞，石所卧立，垂杨修竹之所冒荫，则皆水也。……从阁上缀目新眺，见廊周于水，墙周于廊，又若有阁。亭亭处墙外者，林木荇藻，竟川含绿，染人衣裙，水可承揽，然不可即至也。……又穿小酉洞，憩招爽亭，苔石啮波，曰锦淙滩。诣修廊，中隔水外者，竹树表里之，流响交光，分风争日，往往可即，而仓卒莫定处，姑以廊标之。"文中所述之园，以水为主，而用水有隐有显，有内有外，有抑扬、曲折。而使水归我所用，则以亭阁廊等左右之，其造成水旱二层之空间变化者，唯建筑能之。故"园必隔，水必曲"。今日所存水廊，盛称拙政园西部者，而此梅花墅之水犹仿佛似之。知吴中园林渊源相承，固有所自也。

童寯老人曾谓，拙政园"藓苔蔽路，而山池天然，丹青淡剥，反觉逸趣横生"。真小颓风范，丘壑独存，此言园林苍古之境，有胜藻饰。而苏州留园华赡，如七宝楼台拆下不成片段，故稍损易见败状。近时名胜园林，不修则已，一修便过了头。苏州拙政园水池驳岸，本土石相错，如今无寸土可见，宛若满口金牙。无锡寄畅园八音涧失调，顿逊前观，可不慎乎？可不慎乎？

景之显在于"勾勒"。最近应常州之约，共商红梅阁园之布局。我认为园既名红梅阁，当以红梅出之，奈数顷之地遍植红梅，名为梅圃可矣，称园林则不当，且非朝夕所能得之者。我建议园贯以廊，廊外参差植梅，疏影横斜，人行其间，暗香随衣，不以红梅名园，而游者自得梅矣。其景物之妙，在于以廊"勾勒"，处处成图，所谓少可以胜多，小可以见大。

园林密易疏难，绮丽易雅淡难，疏而不失旷，雅淡不流寒酸。拙政园中部两者兼而得之，宜乎自明迄今，誉满江南，但今日修园林未明此理。

古人构园成必题名，皆有托意，非泛泛为之者。清初杨兆鲁营常州近园，其记云："自抱疴归来，于注经堂后买废地六七亩，经营相度，历五年于兹，近似乎园，故题曰近园。"知园名之所自，谦抑称之。忆前年于马鞍山市雨湖公园，见一亭甚劣，尚无名。属我命之，我题为"暂亭"，意在不言中，而人自得之。其与"大观园""万柳堂"之类者，适反笔出之。

苏州园林，古典剧之舞台装饰，颇受其影响，但实物与布景不能相提并论。今则见园林建筑又仿舞台装饰者，玲珑剔透，轻巧可举，活像上海城隍庙之"巧玲珑"（纸扎物）。又如画之临摹本，搔首弄姿，无异东施效颦。

漏窗在园林中起"泄景""引景"作用，大园景可泄，小园景，则宜引不宜泄。拙政园"海棠春坞"，庭院也，其漏窗能引大园之景。反之，苏州怡园不大，园门旁开两大漏窗，顿成败笔，形既不称，景终外暴，无含蓄之美矣。拙政园新建大门，庙堂气太甚，颇近祠宇，其于园林不得体者有若此。同为违反园林设计之原则，如于风景区及名胜古迹之旁，新建建筑往往喧宾夺主，其例甚多。谦虚为美德，尚望甘当配角，博得大家的好评。

"池馆已随人意改，遗篇犹逐水东流，漫盈清泪上高楼。"这是我前几年重到扬州，看到园林被破坏的情景，并怀念已故的梁思成、刘敦桢二前辈而写的几句词句，当时是有感触的。今续为说园，亦有所感而发，但心境各异。

《同济大学学报》1979 年第 4 期

网师园

　　桥与步石环池而筑，其用意在不分割水面，看去增添支流深远之意。至于驳岸有级，出水流矶，增人浮水之感。

沧浪亭

　　园林苍古，在于树老石拙，唯此园最为突出；而堂轩无藻饰，石径斜廊皆出于丛竹、蕉荫之间，高洁无一点金粉气。

说园（三）

　　余既为《说园》《续说园》，然情之所钟，终难自已，晴窗展纸，再抒鄙见，芜驳之辞，存商求正，以《说园（三）》名之。

　　晋陶渊明（潜）《桃花源记》："中无杂树，芳草鲜美。"此亦风景区花树栽植之卓见，匠心独具。与"采菊东篱下，悠然见南山"句，同为千古绝唱。前者说明桃花宜群植远观，绿茵衬繁花，其景自出；而后者暗示"借景"。虽不言造园，而理自存。

　　看山如玩册页，游山如展手卷；一在景之突出，一在景之连续。所谓静动不同，情趣因异，要之必有我存在，所谓"我见青山多妩媚，料青山见我应如是"。何以得之？有赖于题咏。

故画不加题则显俗，景无摩崖（或匾对）则难明，文与艺未能分割也。"云无心以出岫，鸟倦飞而知还"，景之外兼及动态声响。余小游扬州瘦西湖，舍舟登岸，止于小金山"月观"，信动观以赏月，赖静观以小休，兰香竹影，鸟语桨声，而一抹夕阳，斜照窗棂，香、影、光、声相交织，静中见动，动中寓静，极辩证之理于造园览景之中。

园林造景，有有意得之者，亦有无意得之者，尤以私家小园，地甚局促，往往于无可奈何之处，而以无可奈何之笔化险为夷，终挽全局。苏州留园之"华步小筑"一角，用砖砌地穴门洞，分隔成狭长小径，得"庭院深深深几许"之趣。

今不能证古，洋不能证中，古今中外自成体系，绝不容借尸还魂，不明当时建筑之功能，与设计者之主导思想，以今人之见强与古人相合，谬矣。试观苏州网师园之东墙下，备仆从出入留此便道，如住宅之设"避弄"。与其对面之径山游廊，具极明显之对比，所谓"径莫便于捷，而又莫妙于迂"，可证。因此，评园必究园史，更须熟悉当时之生活，方言之成理。园有一定之观赏路线，正如文章之有起承转合，手卷之有引首、卷本、拖尾，有其不可颠倒之整体性。今苏州拙政园入口处为东部边门，网师园入口处为北部后门，大悖常理。记得《义山杂纂》列人间煞风景事有："松下喝道。看花泪下。苔上铺席。花下晒裈。游春载重。石笋系马。月下把火。背山起楼。果园种菜。花架下养鸡鸭。"等等，今余为之增补一条曰："开后门以延游客。"质诸园林管理者以为如何？至于苏州以沧浪亭、狮子林、拙政园、留园号称宋、元、明、清四大名园。留园与拙政园同建于明而同重修于清者，何分列于两代，此又令人不解者。余谓以静观为主之网师园，动观为主之拙政园，苍古之沧浪亭，华瞻之留园，合称苏州四大名园，则予游者以易领会园林特征也。

造园如缀文，千变万化，不究全文气势立意，而仅务词汇叠砌者，能有佳构乎？文贵乎气，气有阳刚阴柔之分，行文如是，造园又何独不然。割裂分散，不成文理，藉一亭一榭以斗胜，正今日所乐道之园林小品也。盖不通乎我国文化之特征，难以言造园之气息也。

南方建筑为棚，多敞口；北方建筑为窝，多封闭。前者原出巢居，后者来自穴处。故以敞口之建筑，配茂林修竹之景。园林之始，于此萌芽。园林以空灵为主，建筑亦起同样作用，故北国园林终逊南中。盖建筑以多门窗为胜，以封闭出之，少透漏之妙。而居人之室，更须有亲切之感，"众鸟欣有托，吾亦爱吾庐"，正咏此也。

小园若斗室之悬一二名画，宜静观。大园则如美术展览会之集大成，宜动观。故前者必含蓄耐人寻味，而后者设无吸引人之重点，必平淡无奇。园之功能因时代而变，造景亦有所异，名称亦随之不同，故以小公园、大公园（公园之"公"，系指私园而言）名之，1949 年前则可，今似多商榷，我曾建议是否皆须冠"公"字。今南通易狼山公园为北麓园，苏州易城东公园为东园，开封易汴京公园为汴园，似得风气之先。至于市园、郊园、平地园、山麓园，各具环境地势之特征，亦不能以等同之法设计之。

整修前人园林，每多不明立意。余谓对旧园有"复园"与"改园"二议。设若名园，必细征文献图集，使之复原，否则以己意为之，等于改园。正如装裱古画，其缺笔处，必以原画之笔法与设色续之，以成全璧。如用戈裕良之叠山法续明人之假山，与以四王之笔法接石涛之山水，顿异旧观，真愧对古人，有损文物矣。若一般园林，颓败已极，残山剩水，犹可资用，以今人之意修改，亦无不可，姑名之曰"改园"。

我国盆栽之产生，与建筑具有密切之关系，古代住宅以院落天井组合而成，周以楼廊或墙垣，空间狭小，阳光较少，故吴下人家每以寸石尺树布置小景，点缀其间，往往见天不见日，或初阳煦照，一瞬即过，要皆能适植物之性，保持一定之温度与阳光，物赖以生，景供人观，东坡诗所谓："微雨止还作，小窗幽更妍。空庭不受日，草木自苍然。"最能得此神理。盖生活所需之必然产物，亦穷则思变，变则能通。所谓"适者生存"。今以开畅大园，置数以百计之盆栽，或置盈丈之乔木于巨盆中，此之谓大而无当。而风大日烈，蒸发过大，难保存活，亦未深究盆景之道而盲为也。

华丽之园难简，雅淡之园难深。简以救俗，深以补淡，笔简意浓，画少气壮。如晏殊诗："梨花院落溶溶月，柳絮池塘淡淡风。"艳而不俗，淡而有味，是为上品。皇家园林，过于繁缛，私家园林，往往寒俭，物质条件所限也。无过无不及，得乎其中。须割爱者能忍痛，须添补者无吝色。即下笔千钧反复推敲，闺秀之画能脱脂粉气，释道之画能脱蔬笋气，少见者。刚以柔出，柔以刚现。扮书生而无穷酸相，演将帅而具台阁气，皆难能也。造园之理，与一切艺术，无不息息相通。故余曾谓明代之园林，与当时之文学、艺术、戏曲，同一思想感情，而以不同形式出现之。

能品园，方能造园，眼高手随之而高，未有不辨乎味能著食谱者。故造园一端，主其事者，学养之功，必超乎实际工作者。计成云："三分匠，七分主人。"言主其事者之重要，非诬蔑工人之谓。今以此而批判计氏，实尚未读通计氏《园冶》也。讨论学术，扣以政治帽子，此风当不致再长矣。

假假真真，真真假假。《红楼梦》大观园假中有真，真中有假，是虚构，亦有作者曾见之实物，又参有作者之虚构。其所以迷惑读者正在此。故假山如真方妙，真山似假便奇；真人如造像，造像似真人，其捉弄人者又在此。造园之道，要在能"悟"，有终身事其业，而不解斯理者正多，甚矣！造园之难哉。园中立峰，亦存假中寓真之理，在品题欣赏上以感情悟物，且进而达人格化。

文学艺术作品言意境，造园亦言意境。王国维《人间词话》所谓境界也。对象不同，表达之方法亦异，故诗有诗境，词有词境，曲有曲境。"曲径通幽处，禅房花木深"，诗境也。"梦后楼台高锁，酒醒帘幕低垂"，词境也。"枯藤老树昏鸦，小桥流水人家"，曲境也。意境因情景不同而异，其与园林所现意境亦然。园林之诗情画意即诗与画之境界在实际景物中出现之，统名之曰意境。"景露则境界小，景隐则境界大。""引水须随势，栽松不趁行。""亭台到处皆临水，屋宇虽多不碍山。""几个楼台游不尽，一条流水乱相缠。"此虽古人咏景说画之辞，造园之法适同，能为此，则意境自出。

园林叠山理水，不能分割言之，亦不可以定式论之，山与水相辅相成，变化万方。山无泉而若有，水无石而意存，自然高下，山水仿佛其中。昔苏州铁瓶巷顾宅艮庵前一区，得此消息。江南园林叠山，每以粉墙衬托，益觉山石紧凑峥嵘，此粉墙画本也。若墙不存，则如一丘乱石，故今日以大园叠山，未见佳构者正在此。画中之笔墨，即造园之水石，有骨有肉，方称上品。石涛（道济）画之所以冠世，在于有骨有肉，笔墨俱备。板桥（郑燮）学石涛，有骨而无肉，重笔而少墨。盖板桥以书家作画，正如工程家构园，终少韵味。

建筑物在风景区或园林之布置，皆因地制宜，但主体建筑始终维持其南北东西平直方向。斯理甚简，而学者未明者正多。镇江金山、焦山、北固山三处之寺，布局各殊，风格终异。金山以寺包山，立体交通。焦山以山包寺，院落区分。北固山以寺镇山，雄踞其巅。故同临长江，取景亦各览其胜。金山宜远眺，焦山在平览，而北固山在俯瞰。皆能对观上着眼，于建筑物布置上用力，各臻其美，学见乎斯。

山不在高，贵有层次。水不在深，妙于曲折。峰岭之胜，在于深秀。江南常熟虞山，无锡惠山，苏州上方山，镇江南郊诸山，皆多此特征。泰山之能为五岳之首者，就山水言之，以其有山有水。黄山非不美，终鲜巨瀑，设无烟云之出没，此山亦未能有今日之盛名。

风景区之路，宜曲不宜直，小径多于主道，则景幽而客散，使有景可寻、可游。有泉可听，有石可留，吟想其间，所谓"入山唯恐不深，入林唯恐不密"。山须登，可小立顾盼，故古时皆用磴道，亦符人类两足直立之本意，今易以斜坡，行路自危，与登之理相背。更以筑公路之法而修游山道，致使丘壑破坏，漫山扬尘，而游者集于道与飚轮争途，拥挤可知，难言山屐之雅兴。西湖烟霞洞本由小径登山，今汽车达巅，其情无异平地之灵隐飞来峰前，真是"豁然开朗"，拍手叫好，从何处话烟霞矣。闻西湖诸山拟一日之汽车游程可毕，如是，西湖将越来越小。此与风景区延长游览线之主旨相背，似欠明智。游与赶程，含义不同，游览宜缓，赶程宜速，今则适正倒置。孤立之山筑登山盘旋道，难见佳境，极易似毒蛇之绕颈，将整个之山数段分割，无耸翠之姿，峻高之态。证以西湖玉皇山与福州鼓山二道，可见轩轾。后者因山势重叠，故能掩拙。名山筑路，千万慎重，如经破坏，景物一去不复返矣。千古功罪，待人评定。至于入山旧道，切宜保存，缓步登临，自有游客。泉者，山眼也。今若干著名风景地，泉眼已破，终难再活。趵突无声，九溪渐涸，此事非可等闲视之。开山断脉，打井汲泉，工程建设未与风景规划相配合，元气大伤，徒唤奈何。楼者，透也。园林造楼必空透。"画栋朝飞南浦云，珠帘暮卷西山雨。"境界可见。松者，鬆也。枝不能多，叶不能密，才见姿态。而刚柔互用，方见效果，杨柳必存老干，竹林必露嫩梢，皆反笔出之。今西湖白堤之柳，尽易新苗，老树无一存者，顿失前观。"全部肃清，彻底换班"，岂可用于治园耶？

风景区多茶室，必多厕所，后者实难处理，宜隐蔽之。今厕所皆饰以漏窗，宛若"园林小品"。余曾戏为打油诗"我为漏窗频叫屈，而今花样上茅房"（我 1953 年刊《漏窗》一书，其罪在我）之句。漏窗功能泄景，厕所有何景可泄？曾见某处新建厕所，漏窗盈壁，其左刻石为"香泉"，其右刻石为"龙飞凤舞"，见者失笑。鄙意游览大风景区宜设茶室，以解游人之渴。至于范围小之游览区，若西湖西泠印社、苏州网师园，似可不必设置茶室，占用楼堂空间。而大型园林茶室，有如宾馆餐厅，亦未见有佳构者，主次未分，本末倒置。如今风景区以园林倾向商店化，似乎游人游览就是采购物品。宜乎古刹成庙会，名园皆市肆，则"东篱为市井，有辱黄花矣"。园林局将成为商业局，此名之曰"不务正业"。

浙中叠山重技而少艺，以洞见长，山类皆孤立，其佳者有杭州元宝街胡宅，学官巷吴宅，孤山文澜阁等处，皆尚能以水佐之。降及晚近，以平地叠山，中置一洞，上覆一平台，极简陋。此浙之东阳匠师所为。彼等非专攻叠山，原为水作之工，杭人称为阴沟匠者，鱼目混珠，以诈不识者。后因"洞多不吉"，遂易为小山花台。此入民国后之状也。从前叠山，有苏帮、宁（南京）帮、扬帮、金华帮、上海帮（后出，为宁苏之混合体）。而南宋以后著名叠山师，则来自吴兴、苏州。吴兴称山匠，苏州称花园子。浙中又称假山师或叠山师，扬州称石匠，上海（旧松江府）称山师，名称不一。云间（松江）名手张涟、张然父子，人称张石匠，名动公卿间，张涟父子流寓京师，其后人承其业，即山子张也。要之，太湖流域所叠山，自成体系，而宁扬又自一格，所谓苏北系统，其与浙东匠师皆各立门户，但总有高下之分。其下者就石论石，必存叠字，遑论相石选石，更不谈石之纹理，专攻"五日一洞，十日一山"，摹拟真状，以大缩小，实假戏真做，有类儿戏矣。故云叠山者，艺术也。

鉴定假山，何者为原构，何者为重修，应注意留山之脚、洞之底，因低处不易毁坏，如一经重叠，新旧判然。再细审灰缝，详审石理，必渐能分晓，盖石缝有新旧，胶合品成分亦各异，石之包浆，斧凿痕迹，在在可佐证也。苏州留园，清嘉庆间刘氏重补者，以湖石接黄石，更判然明矣。而旧假山类多山石紧凑相挤，重在垫塞，功在平衡，一经拆动，涣然难收陈局。佳作必拼合自然，曲具画理，缩地有法，观其局部，复察全局，反复推敲，结论遂出。

近人但言上海豫园之盛，却未言明代潘氏宅之情况，宅与园仅隔一巷耳。潘宅在今园东安仁街梧桐路一带，旧时称安仁里。据叶梦珠《阅世编》所记："建第规模甲于海上，面照雕墙，宏开俊宇，重轩复道，几于朱邸，后楼悉以楠木为之，楼上皆施砖砌，登楼与平地无异。涂金染丹垩，雕刻极工之巧。"以此建筑结构，证豫园当日之规模，甚相称也。惜今已荡然无存。

清初画家恽寿平（南田）《瓯香馆集》卷十二："壬戌八月，客吴门拙政园，秋雨长林，致有爽气，独坐南轩，望隔岸横冈，叠石峻嶒，下临清池，涧路盘纡，上多高槐、榇、柳、桧、柏，虬枝挺然，迥出林表，绕堤皆芙蓉，红翠相间，俯视澄明，游鳞可取，使人悠然有濠濮闲趣。自南轩过艳雪亭，渡红桥而北，傍横冈循石间道，山麓尽处有堤通小阜，林木翳如，池上为湛华楼，与隔水回廊相望，此一园最胜地也。"南轩为倚玉轩，艳雪亭似为荷风四面亭，红桥即曲桥。湛华楼以地位观之，即见山楼所在，隔水回廊，与柳荫路曲一带，出入亦不大。以画人之笔，记名园之景，修复者能悟此境界，固属高手。但"此歌能有几人知"，徒唤奈何！保园不易，修园更难。不修则已，一修惊人。余再重申研究园史之重要，以为此篇殿焉。曩岁叶恭绰先生赠余一联："洛阳名园（记），扬州画舫（录）；武林遗事，日下旧闻（考）。"以四部园林古迹之书目相勉，则余今日之所作，又岂徒然哉！

1980 年 5 月完稿于镇江宾舍

说园（四）

　　一年漫游，触景殊多，情随事迁，遂有所感，试以管见论之，见仁见智，各取所需。书生谈兵，容无补于事实，存商而已。因续前三篇，故以《说园（四）》名之。

　　造园之学，主其事者须自出己见，以坚定之立意，出宛转之构思。成者誉之，败者贬之。无我之园，即无生命之园。

　　水为陆之眼，陆多之地要保水；水多之区要疏水。因水成景，复利用水以改善环境与气候。江村湖泽，荷塘菱沼，蟹簖渔庄，水上产物不减良田，既增收入，又可点景。王渔洋诗云："江干都是钓人居，柳陌菱塘一带疏；好是日斜风定后，半江红树卖鲈鱼。"神韵天然，最自依人。

　　旧时城墙，垂杨夹道，杜若连汀，雉堞参差，隐约在望，建筑之美与天然之美交响成曲。王士禛诗又云"绿杨城郭是扬州",今已拆,此景不可再得矣。故城市特征,首在山川地貌,而花木特色,实占一地风光。成都之为蓉城,福州之为榕城,皆予游者以深刻之印象。

恽寿平论画:"青绿重色,为浓厚易,为浅淡难,为浅淡易,而愈见浓厚为尤难。"造园之道正亦如斯,所谓实处求虚,虚中得实,淡而不薄,厚而不滞,存天趣也。今经营风景区园事者,破坏真山,乱堆假山,堵却清流,另置喷泉,抛却天然而好作伪。大好泉石,随意改观。如无喷泉,未是名园者。明末钱澄之记黄檗山居(在桐城之龙眠山),论及"吴中人好堆假山以相夸诩,而笑吾乡园亭之陋。予应之曰:'吾乡有真山水,何以假为?惟任真,故失诸陋。洵不若吴人之工于作伪耳。'"又论此园:"彼此位置,各不相师,而各臻其妙,则有真山水为之质耳。"此论妙在拈出一个"质"字。

山林之美,贵于自然,自然者存真而已。建筑物起"点景"作用,其与园林似有所别,所谓锦上添花,花终不能压锦也。宾馆之作,在于栖息小休,宜着眼于周围有幽静之境,能信步盘桓,游目骋怀,故室内外空间并互相呼应,以资流通,晨餐朝晖,夕枕落霞,坐卧其间,小中可以见大。反之高楼镇山,汽车环居,喇叭彻耳,好鸟惊飞。俯视下界,豆人寸屋,大中见小,渺不足观,以城市之建筑夺山林之野趣,徒令景色受损,游者扫兴而已。丘壑平如砥,高楼塞天地,此几成为目前旅游风景区所习见者,闻更有欲消灭山间民居之举,诚不知民居为风景区之组成部分，点缀其间，楚楚可人，古代山水画中每多见之。余客瑞士，日内瓦山间民居，窗明几净，予游客以难忘之情。我认为风景区之建筑，宜隐不宜显，宜散不宜聚，宜低不宜高，宜麓（山麓）不宜顶（山顶），须变化多，朴素中有情趣，要随宜安排，巧于因借，存民居之风格，则小院曲户，粉墙花影，自多情趣。游者生活其间，可以独处，可以留客，"城市山林"，两得其宜。明末张岱在《陶庵梦忆》中记范长白园（即苏州天平山之高义园）云："园外有长堤，桃柳曲桥，蟠屈湖西，桥尽抵园，园门故作低小，近门则长廊复壁，直达山麓，其缯楼幔阁，秘室曲房，故匿之，不使人见也。"又毛大可《彤史拾遗记》记崇祯所宠之贵妃，扬州人，"尝厌宫闱过高迥，崇杠大牖，所居不适意，乃就廊房为低槛曲楯，蔽以敞槅，杂采扬州诸什器，床罩供设其中"。以证余创山居宾舍之议不谬。

　园林与建筑之空间，隔则深，畅则浅，斯理甚明，故假山、廊、桥、花墙、屏、幕、槅扇、书架、博古架等，皆起隔之作用。旧时卧室用帐，碧纱橱，亦起同样效果。日本居住之室小，席地而卧，以纸槅小屏分之，皆属此理。今西湖宾馆、餐厅，往往高大如宫殿，近建孤山楼外楼，体量且超颐和园之排云殿，不如易名太和楼则更名副其实矣。太和殿尚有屏隔之，有柱分之，而今日之大餐厅几等体育馆。风景区因往往建造一大宴会厅，开石劈山，有如兴建营房，真劳民伤财，遑论风景之存不存矣。旧时园林，有东西花厅之设，未闻有大花厅之举。大宾馆，大餐厅，大壁画，大盆景，大花瓶，大……以大为尚，真是如是如是，善哉善哉！

不到苏州，一年有奇，名园胜迹，时萦梦寐。近得友人王西野先生来信。谓："虎丘东麓就东山庙遗址，正在营建'盆景园'，规模之大，无与伦比。按东山庙为王珣祠堂，亦称短簿祠，因珣身材短小，曾为主簿，后人戏称'短簿'。清汪琬诗：'家临绿水长洲苑，人在青山短簿祠。'陈鹏年诗：'春风再扫生公石，落照仍衔短簿祠。'怀古情深，写景入画，传诵于世，今堆叠黄石大假山一座，天然景色，破坏无余。盖虎丘一小阜耳，能与天下名山争胜，以其寺里藏山，小中见大，剑池石壁，浅中见深，历代名流题咏殆遍，为之增色。今在真山面前堆假山，小题大做，弄巧成拙，足下见之，亦当扼腕太息，徒呼负工也。"此说与鄙见合，恐主其事者，不征文献，不谙古迹名胜之史实，并有一"大"字在脑中作怪也。

风景区之经营，不仅安排景色宜人，而气候亦须宜人。今则往往重景观，而忽视局部小气候之保持，景成而气候变矣。七月间到西湖，园林局邀游金沙港，初夏傍晚，余热未消，信步入林，溽暑全无，水佩风来，几入仙境，而流水淙淙，绿竹猗猗，隔湖南山如黛，烟波出没，浅淡如水墨轻描，正有"独笑熏风更多事，强教西子舞霓裳"之概。我本湖上人家，却从未享此清福，若能保持此与外界气候不同之清凉世界，即该景区规划设计之立意所在。一旦破坏，虽五步一楼，十步一阁，亦属虚设，盖悖造园之理也。金沙港应属水泽园，故建筑、桥梁等均宜贴水、依水、映带左右，而茂林修竹，清风自引，气候凉爽，绿云摇曳，荷香轻溢，野趣横生。"茅黄亭子小楼台，料理溪山煞费才。"能配以凉馆竹阁，益显西子淡妆之美，保此湖上消夏一地，他日待我杖履其境，从容可作小休。

吴江同里镇，江南水乡之著者，镇环四流，户户相望，家家隔河，因水成街，因水成市，因水成园。任氏退思园于江南园林中独辟蹊径，具贴水园之特例。山、亭、馆、廊、轩、榭等皆紧贴水面，园如出水上。其与苏州网师园诸景依水而筑者，予人以不同景观。前者贴水，后者依水。所谓依水者，因假山与建筑物等皆环水而筑，唯与水之关系尚有高下远近之别，遂成贴水园与依水园两种格局。皆以因水制宜，其巧妙构思则又有所别，设计运思，于此可得消息。余谓大园宜依水，小园重贴水，而最关键者则在水位之高低。我国园林用水，以静止为主，清许周生筑园杭州，名"鉴止水斋"，命意在此，原出我国哲学思想，体现静以悟动之辩证观点。

水曲因岸，水隔因堤，移花得蝶，卖石绕云，因势利导，自成佳趣。山容水色，善在经营。中、小城市有山水能凭藉者，能做到有山皆是园，无水不成景，城因景异，方是妙构。

济南珍珠泉，天下名泉也。水清浮珠，澄澈晶莹。余曾于朝曦中饮露观泉，爽气沁人，境界明静。奈何重临其地，已异前观，黄石大山，狰狞骇人，高楼环压，其势逼人，杜甫咏《望岳》"会当凌绝顶，一览众山小"之句，不意于此得之。山小楼大，山低楼高，溪小桥大，溪浅桥高。汽车行于山侧，飞轮扬尘，如此大观，真可说是不古不今，不中不西，不伦不类。

造园之道，可不慎乎？

反之，潍坊十笏园，园甚小，故以十笏名之（笏为上朝时所持手板），清水一池，山廊围之，轩榭浮波，极轻灵有致。触景成咏："老去江湖兴未阑，园林佳处说般般；亭台虽小情无限，别有缠绵水石间。"北国小园，能饶水石之胜者，以此为最。

泰山有十八盘，盘盘有景，景随人移，气象万千，至南天门，群山俯于脚下，齐鲁青青，千里未了，壮观也。自古帝王，登山封禅，翠辇临幸，高山仰止。如易缆车，匆匆而来，匆匆而去，景游与货运无异。而破坏山景，固不待言。实不解登十八盘参玉皇顶而小天下宏旨。余尝谓旅与游之关系。旅须速，游宜缓，相背行事，有负名山。缆车非不可用，宜于旅，不宜于游也。

名山之麓，不可以环楼、建厂，盖断山之余脉矣。此种恶例，在在可见。新游南京燕子矶、栖霞寺，人不到景点，不知前有景区，序幕之曲，遂成绝响，主角独唱，鸦噪聒耳。所览之景，未允环顾，燕子矶仅临水一面尚可观外，余则黑云滚滚，势袭长江。坐石矶戏为打油诗："燕子燕子，何不高飞，久栖于斯，坐以待毙。"旧时胜地，不可不来，亦不可再来。山麓既不允建高楼、工厂，而低平建筑却不能缺少，点缀其间，景深自幽，层次增多，亦远山无脚之处理手法。

近年风景名胜之区，与工业矿藏矛盾日益尖锐。取蛋杀鸡之事，屡见不鲜，如南京正在开幕府山矿石，取栖霞山银矿。

以有烟工厂而破坏无烟工厂，以取之可尽之资源，而竭取之不尽之资源，最后两败俱伤，同归于尽。应从长远观点来看，权衡轻重，深望主其事者却莫等闲视之。古迹之处应以古为主，不协调之建筑万不能移入。杭州北高峰，南京鼓楼之电视塔，真是触目惊心。在此等问题上，应明确风景区应以风景为主。名胜古迹，应以名胜古迹为主，其他一切不能强加其上。否则，大好河山，祖国文化，将损毁殆尽矣。

唐代白居易守杭州，浚西湖筑白沙堤，未闻其围垦造田。宋代苏轼因之，清代阮元继武前贤。千百年来，人颂其德，建苏白二公祠于孤山之阳。郁达夫有"堤柳而今尚姓苏"之句美之。城市兴衰，善择其要而谋之，西湖为杭州之命脉，西湖失即杭州衰。今日定杭州为旅游风景城市，即基于此。至于城市面貌亦不能孤立处理，务使山水生妍，相映增生。沿钱塘江诸山，应以修整，襟江带湖，实为杭州最胜处。古迹之区，树木栽植，亦必心存"古"字，南京清凉山，门额颜曰"六朝遗迹"，入其内雪松夹道，岂六朝时即植此树耶？古迹新妆，洋为中用，解我朵颐。古迹之修复，非仅建筑一端而已，其环境气氛，陈设之得体，在在有史可据。否则何言古迹，言名胜足矣。"无情最是台城柳，依旧烟笼十里堤。"此意谁知？近人常以个人之爱喜，强加于古人之上。蒲松龄故居，藻饰有如地主庄园，此老如在，将不认其书生陋室。今已逐渐改观，初复原状，诚佳事也。

园林不在乎饰新，而在于保养；树木不在于添种，而在于修整。山必古，水必疏，草木华滋，好鸟时鸣，四时之景，无不可爱。园林设市肆，非其所宜，主次务必分明。园林建筑必功能与形式相结合，古时造园，一亭一榭，几曲回廊，皆据实际需要出发，不多筑，不虚构，如作诗行文，无废词赘句。学问之道，息息相通。今之园思考欠周，亦如文之推敲不够。园所以兴游，文所以达意。故余谓绝句难吟，小园难筑，其理一也。

王时敏《乐郊园分业记》："……适云间张南垣至，其巧艺直夺天工，怂恿为山甚力……因而穿池种树，标峰置岭，庚申（清康熙十九年，1680年）经始，中间改作者再四，凡数年而成，磴道盘纡，广池潆渫，周遮竹树蓊郁，浑若天成，而凉台邃阁，位置随宜，卉木轩窗，参错掩映，颇极林壑台榭之美。"

以张南垣（涟）之高技，其营园改作者再四，益证造园施工之重要，间亦必要之翻工修改。必须留有余地。凡观名园，先论神气，再辨时代，此与鉴定古物，其法一也。然园林未有不经修者，故先观全局，次审局部，不论神气，单求枝节，谓之舍本求末，难得定论。

巨山大川，古迹名园，首在神气。五岳之所以为天下名山，亦在于"神气"之旺，今规划风景，不解"神气"，必至庸俗低级，有污山灵。尝见江浙诸洞，每以自然抽象之山石，改成恶俗之形象，故余屡申"还我自然"。此仅一端，人或尚能解之者，他若大起华厦，畅开公路，空悬索道，高树电塔，凡兹种种，山水神气之劲敌也，务必审慎，偶一不当，千古之罪人矣。

园林因地方不同，气候不同，而特征亦不同。园林有其个性，更有其地方性，故产生园林风格，也因之而异，即使同一地区，亦有市园、郊园、平地园、山麓园等之别。园与园之间亦不能强求一致，而各地文化艺术、风土人情、树木品异、山水特征等等，皆能使园变化万千，如何运用，各臻其妙者，在于设计者之运思。故言造园之学，其识不可不广，其思不可不深。

恽寿平论画又云："潇洒风流谓之韵，尽变奇穷谓之趣。"不独画然，造园置景，亦可互参。今之造园，点景贪多，便少韵致；布局贪大，便少佳趣。韵乃自书卷中得来，趣必从个性中表现。一年游踪所及，评量得失，如此而已。

　　　　　　1981 年 10 月 10 日写成于同济大学建筑系

说园（五）

　　《说园》首篇余既阐造园动观静观之说，意犹未尽，续畅论之。动、静二字，本相对而言，有动必有静，有静必有动，然而在园林景观中，静寓动中，动由静出，其变化之多，造景之妙，层出不穷，所谓通其变，遂成天地之文。若静坐亭中，行云流水，鸟飞花落，皆动也。舟游人行，而山石树木，则又静止者。止水静，游鱼动，静动交织，自成佳趣。故以静观动，以动观静则景出。"万物静观皆自得，四时佳景与人同。"事物之变概乎其中。若园林无水，无云，无影，无声，无朝晖，无夕阳，则无以言天趣，虚者实所倚也。

　　静之物，动亦存焉。坐对石峰，透漏俱备，而皴法之明快，线条之飞俊，虽静犹动。水面似静，涟漪自动。画面似静，动态自现。静之物若无生意，即无动态。故动观静观，实造园产生效果之最关键处，明乎此则景观之理初解矣。

质感存真，色感呈伪，园林得真趣，质感居首，建筑之佳者，亦同斯理。真则存神，假则失之，园林失真，有如布景，书画失真，则同印刷，故画栋雕梁，徒眩眼目，竹篱茅舍，引人遐思。《红楼梦》"大观园试才题对额"一回，曹雪芹借宝玉之口，评稻香村之作伪云："此处置一田庄，分明是人力造作而成。远无邻村，近不负郭，背山无脉，临水无源，高无隐寺之塔，下无通市之桥，峭然孤出，似非大观，那及先数处（指潇湘馆）有自然之理，得自然之趣呢？虽种竹引泉，亦不伤穿凿。古人云：'天然图画'四字，正恐非其地而强为其地，非其山而强为其山，即百般精巧，终非相宜。"所谓"人力造作"，所谓"穿凿"者，伪也。所谓"有自然之理，得自然之趣"者，真也。借小说以说园，可抵一篇造园论也。

郭熙谓："水以石为面"，"水得山而媚"，自来模水范山，未有孤立言之者。其得山水之理，会心乎此，则左右逢源，要之此二语，表面观之似水石相对，实则水必赖石以变，无石则水无形、无态，故浅水露矶，深水列岛。广东肇庆七星岩，岩奇而水美，矶濑隐现波面，而水洞幽深，水湾曲折，水之变化无穷，若无水，则岩不显，岸无形，故两者绝不能分割而论，分则悖自然之理，亦失真矣。

一园之特征，山水相依，凿池引水，尤为重要。苏南之园，其池多曲，其境柔和。宁绍之园，其池多方，其景平直。故水本无形，因岸成之，平直也好，曲折也好，水口堤岸皆构成水面形态之重要手法。至于水柔水刚，水止水流，亦皆受堤岸以左右之。石清得阴柔之妙，石顽得阳刚之健。浑朴之石，其状在拙；奇突之峰，其态在变，而丑石在诸品中尤为难得，以其更富有个性，丑中寓美也。石固有刚柔美丑之别，而水亦有奔放宛转之致，是皆因石而起变。

荒园非不可游，残篇非不可看，要知佳者虽零锦碎玉亦是珍品，犹能予人留恋，存其真耳。龚自珍诗云："未济终焉心飘渺，万事都从缺陷好；吟到夕阳山外山，世间难免余情绕。"造园亦必通此消息。

"春见山容，夏见山气，秋见山情，冬见山骨。""夜山低，晴山近，晓山高。"前人之论，实寓情观景，以见四时之变，造景自难，观景不易。"泪眼问花花不语"，痴也；"解释春风无限恨"，怨也。故游必有情，然后有兴，钟情山水，知己泉石，其审美与感受之深浅，实与文化修养有关。故我重申：不能品园，不能游园；不能游园，不能造园。

造园综合性科学也，且包含哲理，观万变于其中。浅言之，以无形之诗情画意，构有形之水石亭台。晦明风雨，又皆能促使其景物变化无穷，而南北地理之殊，风土人情之异，更加因素增多。且人游其间，功能各取所需，绝不能以幻想代替真实，故造园脱离功能，固无佳构，研究古园而不明当时社会及生活，妄加分析，正如汉儒释经，转多穿凿，因此古今之园，必不能陈陈相因，而丰富之生活，渊博之知识，要皆有助于斯。

一景之美，画家可以不同笔法表现之，文学家可以各种不同角度描写之。演员运腔，各抒其妙，哪宗哪派，自存面貌。故同一园林，可以不同手法设计之。皆由观察之深，提炼之精，特征方出。余初不解宋人大青绿山水，以朱砂作底色赤，上敷青绿，迨游中原嵩山，时值盛夏，土色皆红，所被草木尽深绿色，而楼阁参差，金碧辉映，正大小李将军之山水也。其色调皆重厚，色度亦相当，绚烂夺目，中原山川之神乃出。而江南淡青绿山水，每以赭石及草青打底，轻抹石青石绿，建筑勾勒间架，衬以淡赪，清新悦目，正江南园林之粉本。故立意在先，协调从之，自来艺术手法一也。

余尝谓苏州建筑及园林，风格在于柔和，吴语所谓"糯"，扬州建筑与园林，风格则多雅健，如宋代姜夔词，以"健笔写柔情"，皆欲现怡人之园景，风格各异，存真则一。风格定始能言局部单体，宜亭斯亭，宜榭斯榭。山叠何派，水引何式，必须成竹在胸也，才能因地制宜，借景有方，亦必循风格之特征，巧妙运用之。选石、择花、动静观赏，均有所据，故造园必以极镇静而从容之笔，信手拈来，自多佳构。所谓以气胜之，必总体完整矣。

余闽游观山，秃峰少木，石形外露，古根盘曲，而山势山貌毕露，分明能辨何家山水，何派皴法，能于实物中悟画法，可以画法来证实物。而闽溪水险，矶濑激湍，凡此琐琐，皆叠山极好之祖本。他如皖南徽州、浙东方岩之石壁，画家皴法，方圆无能。此种山水皆以皴法之不同，予人以动静感觉之有别，古人爱石、面壁，皆参悟哲理其中。

填词有"过片（变）"（亦名"换头"），即上半阕与下半阕之间，词与意必须若接若离，其难在此。造园亦必注意"过片"，运用自如，虽千顷之园，亦气势完整，韵味隽永。曲水轻流，峰峦重叠，楼阁掩映，木仰花承，皆非孤立。其间高低起伏，闿畅逶迤，在在有"过片"之笔，此过渡之笔在乎各种手法之适当运用。即如楼阁以廊为过渡，溪流以桥为过渡。色泽由绚烂而归平淡，无中间之色不见调和，画中所用补笔接气，皆为过渡之法，无过渡，则气不贯，园不空灵。虚实之道，在乎过渡得法，如是则景不尽而韵无穷，实处求虚，正曲求余音，琴听尾声，要于能察及次要，而又重于主要，配角有时能超于主角之上者。"江流天地外，山色有无中"，贵在无胜于有也。

城市必须造园，此有关人民生活，欲臻其美，妙在"借""隔"，城市非不可以借景，若北京三海，借景故宫，嵯峨城阙，杰阁崇殿，与李格非《洛阳名园记》所述："以北望则隋唐宫阙楼殿，千门万户，岑嶤璀璨，延亘十余里，凡左太冲十余年极力而赋者，可瞥目而居也。"但未闻有烟囱近园，厂房为背景者，有之，唯今日之苏州拙政园、耦园，已成此怪状，为之一叹。至若能招城外山色，远寺浮屠，亦多佳例。此一端在"借"。而另一端在"隔"，市园必隔，俗者屏之。合分本相对而言，亦相辅而成，不隔其俗，难引其雅，不掩其丑，何逞其美？造景中往往有能观一面者，有能观两面者，在乎选择得宜。上海豫园萃秀堂，乃尽端建筑，厅后为市街，然面临大假山，深隐北麓，人留其间，不知身处市嚣中，仅一墙之隔，判若仙凡，隔之妙可见。曩岁余为美国建中国庭园纽约"明轩"，于二层内部构园，休言"借景"，必重门高垣，以隔造景，效果始出。而园之有前奏，得能渐入佳境，万不可率尔从事，前述过渡之法，于此须充分利用。江南市园，无不皆存前奏。今则往往开门见山，唯恐人不知其为园林。苏州怡园新建大门，即犯此病。沧浪亭虽属半封闭之园，而园中景色，隔水可呼，缓步入园，前奏有序，信是成功。

旧园修复，首究园史，详勘现状，情况彻底清楚，对山石建筑等作出年代鉴定，特征所在，然后考虑修缮方案。正如裱古画接笔反复揣摩，其难有大于创作，必再三推敲，审慎下笔。其施工程序，当以建筑居首，木作领先，水作为辅，大木完工，方可整池、修山、立峰，而补树栽花，有时须穿插行之，最后铺路修墙。油漆悬额，一园乃成，唯待家具之布置矣。

造园可以遵古为法，亦可以以洋为师，两者皆不排斥。古今结合，古为今用，亦势所必然，若境界不究，风格未求，妄加抄袭拼凑，则非所取。故古今中外，造园之史，构园之术，来龙去脉，以及所形成之美学思想，历史文化条件，在在需进行探讨，然后文有据，典有征，古今中外运我笔底，则为尚矣。古人云："临画不如看画，遇古人真本，向上研求，视其定意若何，偏正若何，安放若何，用笔若何，积墨若何，必于我有出一头地处，久之自然吻合矣。"用功之法，足可参考。日本明治维新之前学习中土，明治维新后效法欧洲，近又模仿美国，其建筑与园林，总表现大和民族之风格，所谓有"日本味"。此种现状，值得注意。至此历史之研究自然居首重地位，试观其图书馆所收之中文书籍，令人瞠目，即以《园冶》而论，我国亦转录自东土。继以欧美资料亦汗牛充栋，而前辈学者，如伊东忠泰、常盘大定、关野贞等诸先生，长期调查中国建筑，所为著作至今犹存极高之学术地位，真表现其艰苦结实之治学态度与方法。以抵于成，在得力于收集之大量直接与间接资料，由博返约。他山之石，可以攻玉，造园重"借景"，造园与为学又何独不然。

园林言虚实，为学亦若是，余写《说园》连续五章，虽洋洋万言，至此江郎才尽矣。半生湖海，踏遍名园，成此空论，亦自实中得之。敢贡己见，有求教于今之专家。老去情怀，容续有所得，当秉烛赓之。

1982 年 1 月 20 日于同济大学建筑系

游园拾画

苏州园林概述

一

我国园林，如从历史上溯源的话，当推古代的囿与园，以及《汉制考》上所称的苑。《周礼·天官大宰》："九职二曰园圃，毓草林。"《地官囿人》："掌囿游之兽禁，牧百兽。"《地官充人》："以场圃任园地。"《说文》："囿，苑有垣也。一曰禽兽有囿。圃，种菜曰圃。园，所以种果也。苑，所以养禽兽也。"据此，则囿、园、苑的含意已明。我们知道稀韦的囿，黄帝的圃，已开囿圃之端。到了三代，苑囿专为狩猎的地方，例如周姬昌（文王）的囿，刍荛雉兔，与民同利。秦汉以后，园林渐渐变为统治者游乐的地方，兴建楼馆，藻饰华丽了。秦嬴政

（始皇）筑秦宫，跨渭水南北，覆压三百里。汉刘彻（武帝）营上林苑、"甘泉苑"，以及建章宫北的太液池，在历史的记载上都是范围很大的。其后刘武（梁孝王）的"兔园"，开始了叠山的先河。魏曹丕（文帝）更有"芳林园"。隋杨广（炀帝）造西苑。唐李湛（懿宗）于苑中造山植木，建为园林。北宋赵佶（徽宗）之营"艮岳"，为中国园林之最著于史籍者。宋室南渡，于临安（杭州）建造玉津、聚景、集芳等园。元忽必烈（世祖）因辽金琼华岛为万岁山太液池。明清以降除踵前遗规外，并营建西苑、南苑，以及西郊畅春、清漪、圆明等诸园，其数目视前代更多了。

私家园林的发展，汉代袁广汉于洛阳北邙山下筑园，东西四里，南北五里，构石为山，复蓄禽兽其间，可见其规模之大了。梁冀多规苑囿，西至弘农，东至荥阳，南入鲁阳，北到河淇，周围千里。又司农张伦造景阳山，其园林布置有若自然。可见当时园林在建筑艺术上已有很高的造诣了。尚有茹皓，吴人，采北邙及南山佳石，复筑楼馆列于上下，并引泉莳花，这些都以人工代天巧。魏晋六朝这个时期，是中国思想史上大转变的时代，亦是中国历史上战争最频繁的时代，士大夫习于服食，崇尚清谈，再兼以佛学昌盛，于是礼佛养性，遂萌出世之念，虽居城市，辄作山林之想。在文学方面有咏大自然的诗文，绘画方面有山水画的出现，在建筑方面就在第宅之旁筑园了。石崇在洛阳建金谷园，从其《思归引序》来看，其设计主导思想是"避嚣烦""寄情赏"。再从《梁书·萧统传》、徐勉《戒

拙政园

　　桥梁浮波，以虚实之倒影，与高低的层次，构成了以水成景的画面。

留园

翘首西望，远眺枫林若醉，倾入池中，红泛碧波，引人遐想，得借景之妙。

子嵩书》、庾信《小园赋》等来看，他们的言论亦不外此意。唐代如宋之问的蓝田别墅、李德裕的平泉别墅、王维的辋川别业，皆有竹洲花坞之胜，清流翠篠之趣，人工景物，仿佛天成。而白居易的草堂，尤能利用自然，参合借景的方法。宋代李格非《洛阳名园记》、周密《吴兴园林记》，前者记北宋时所存隋唐以来洛阳名园如富郑公园等，后者记南宋吴兴园林如沈尚书园等。记中所述，几与今日所见园林无甚二致。明清以后，园林数目远迈前代，如北京勺园、漫园，扬州影园、九峰园、个园，海宁安澜园，杭州小有天园，以及明王世贞《游金陵诸园记》所记东园等，其数不胜枚举。今存者如杭州皋园，南浔适园、宜园、小莲庄，上海豫园，常熟燕园，南翔古猗园，无锡寄畅园等，为数尚多，而苏州又为各地之冠。如今我们来看看苏州园林在历史上的发展。

二

苏州在政治经济文化上，远在春秋时的吴，已经有了基础，其后在两汉、两晋又逐渐发展。春秋时吴之梧桐园，以及晋之顾辟疆园，已开苏州园林的先声。六朝时江南已为全国富庶之区，扬州、南京、苏州等处的经济基础，到后来形成有以商业为主，有以丝织品及手工业为主，有为官僚地主的消费城市。苏州就是手工业重要产地兼官僚地主的消费城市。

我们知道，六朝以还，继以隋代杨广（炀帝）开运河，促使南北物资交流；唐以来因海外贸易，江南富庶视前更形繁荣。

唐末中原诸省战争频繁，受到很大的破坏，可是南唐吴越范围，在政治上、经济上尚是小康局面，因此有余力兴建园林，宋时苏州朱长文因吴越钱氏旧园而筑乐圃，即是一例。北宋江南上承南唐、吴越之旧，地方未受干戈，经济上没有受重大影响，园林兴建不辍。及赵构（高宗）南渡，苏州又为平江府治所在，赵构曾一度"驻跸"于此，王唤营平江府治，其北部凿池构亭，即使官衙亦附以园林。其时土地兼并已甚，豪门巨富之宅，其园林建筑不言可知了。故两宋之时，苏州园林著名者，如苏舜钦就吴越钱氏故园为沧浪亭，梅宣义构五亩园，朱长文筑乐圃，而朱勔为赵佶营艮岳外，复自营同乐园，皆较为著的。元时江浙仍为财富集中之地，故园林亦有所兴建，如狮子林即其一例。迫入明清，土地兼并之风更甚，而苏州自唐宋以来已是丝织品与各种美术工业品的产地，又为地主官僚的集中地，并且由科举登第者最多，以清一代而论，状元之多为全国冠。这些人年老归家，购田宅，设巨肆，除直接从土地上剥削外，再从商业上经营盘剥，以其所得大建园林以娱晚境。而手工业所生产，亦供若辈使用。其经济情况大略如此。它与隋唐洛阳、南宋吴兴、明代南京，是同样情况的。

除了上述情况之外，在自然环境上，苏州水道纵横，湖泊罗布，随处可得泉引水，兼以土地肥沃，花卉树木易于繁滋。当地产石，除尧峰山外，洞庭东西二山所产湖石，取材便利。距苏州稍远的如江阴黄山，宜兴张公洞，镇江圌山、大岘山，句容龙潭，南京青龙山、昆山、马鞍山等所产，虽不及苏州为佳，然运材亦便。而苏州诸园之选峰择石，首推湖石，因其姿态入画，具备造园条件。《宋书·戴颙传》："颙出居吴下，士人共为筑室，聚石引水植林开涧，少时繁密，有若自然。"即其一例。其次，苏州为人文荟萃之所，诗文书画人才辈出，士大夫除自出新意外，复利用了很多门客，如《吴风录》载："朱勔子孙居虎丘之麓，以种艺选石为业，游于王侯之门，俗称花园子。"又周密《癸辛杂识》云："工人特出吴兴，谓之山匠，或亦朱勔之遗风。"既有人为之策划，又兼有巧匠，故自宋以来造园家如俞澂、陆叠山、计成、文震亨、张涟、张然、叶洮、李渔、仇好石、戈良裕等，皆江浙人。今日叠石匠师出南京、苏州、金华三地，而以苏州匠师为首，是有历史根源的。但士大夫固然有财力兴建园林，然《吴风录》所载，"虽闾阎下户亦饰小山盆岛为玩"，不能不说当地人民对自然的爱好了。

苏州园林在今日保存者为数最多，且亦最完整，如能全部加以整理，不啻是个花园城市。故言中国园林，当推苏州了，我曾经称誉云："江南园林甲天下，苏州园林甲江南。"这些园林我经过五年的调查踏勘，复曾参与了修复工作，前夏与今夏又率领同济大学建筑系的同学作教学实习，主要对象是古建筑与园林，逗留时间较久，遂以测绘与摄影所得，利用拙政园、留园两个最大的园作例，略略加以说明一些苏州园林在历史上的发展，与设计方面的手法，供大家研究。其他的一些小园林，有必要述及的，亦一并包括在内。

三

拙政园 拙政园在娄齐二门间的东北街。明嘉靖时（1522—1566 年）王献臣因大宏寺废地营别墅，是此园的开始。"拙政"二字的由来，是用潘岳"拙者之为政"的意思。后其子以赌博负失，归里中徐氏。清初属海宁陈之遴，陈因罪充军塞外，此园一度为驻防将军府，其后又为兵备道馆。吴三桂婿王永宁亦曾就居于此园。后没入公家，康熙初改苏松常道新署，其后玄烨（康熙）南巡，也来游到此。苏松常道缺裁，散为民居。乾隆初归蒋棨，易名复园。嘉庆中再归海宁查世倓，复归平湖吴璥。迨太平天国克复苏州，又为忠王府的一部分。太平天国失败，为清政府所据。同治十年（1871 年）改为八旗奉直会馆，仍名拙政园。西部归张履谦所有，易名补园。1949 年后已合而为一。

拙政园的布局主题是以水为中心。池水面积约占总面积五分之三，主要建筑物十之八九皆临水而筑。文徵明《拙政园记》："郡城东北界娄齐门之间，居多隙地，有积水亘其中，稍加浚治，环以林木。……"据此可以知道是利用原来地形而设计的，与明末计成《园冶》中"相地"一节所说"高方欲就亭台，低凹可开池沼……"的因地制宜方法相符合。故该园以水为主，实有其道理在。在苏州不但此园如此，阔阶头巷的网师园，水占全园面积达五分之四。平门的五亩园亦池沼逶迤，望之弥然，莫不利用原来的地形而加以浚治的。景德路环秀山庄，乾隆间蒋楫凿池得泉，名"飞雪"，亦是解决水源的好办法。

园可分中、西、东三部，中部系该园主要部分，旧时规模所存尚多，西部即张氏"补园"，已大加改建，然布置尚是平妥。东部为明王心一归田园居，久废，正在重建中。

中部远香堂为该园的主要建筑物，单檐歇山面阔三间的四面厅，从厅内通过窗棂四望，南为小池假山，广玉兰数竿，扶疏接叶，云墙下古榆依石，幽竹傍岩，山旁修廊曲折，导游者自园外入内。似此的布置不但在进门处可以如入山林，而坐厅南望亦有山如屏，不觉有显明的入口，它与住宅入口处置内照壁，或置屏风等来作间隔的方法，采用同一的手法。东望绣绮亭，西接倚玉轩，北临荷池，而隔岸雪香云蔚亭与待霜亭突出水面小山之上。游者坐此厅中，则一园之景可先窥其轮廓了。以此厅为中心的南北轴线上，高低起伏，主题突出。而尤以池中岛屿环以流水，掩以丛竹，临水湖石参差，使人望去殊多不尽之意，仿佛置身于天然池沼中。从远香堂缘水东行，跨倚虹桥，桥与阑皆甚低，系明代旧构。越桥达倚虹亭，亭倚墙而作，仅三面临空，故又名东半亭。向北达梧竹幽居，亭四角攒尖，每面辟一圆拱门。此处系中部东尽头，从二道圆拱门望池中景物，如入环中，而隔岸极远处的西半亭隐然在望。是亭内又为一圆拱门，倒映水中，所谓别有洞天以通西部的。亭背则北寺塔耸立云霄中，为极妙的借景。左顾远香堂、倚玉轩及香洲等，右盼两岛，前者为华丽的建筑群，后者为天然图画。刘师敦桢云："此为园林设计上运用最好的对比方法。"根据实际情况，东西二岸水面距离并不太大，然而看去反觉深远特甚。设计时在水面隔以梁式石桥，逶迤曲折，人们视线从水面上通过石桥才达彼岸。两旁一面是人工华丽的建筑，一面是天然苍翠的小山，二者之间水是修长的，自然使人们感觉更加深远与扩大。对岸老榆傍岸，垂杨临水，其间一洞窈然，楼台画出，又别有天地了。从梧竹幽居经三曲桥，小径分歧，屈曲循道登山，达巅为待霜亭，亭六角，翼然出丛竹间。向东襟带绿漪亭，西则复与长方形的雪香云蔚亭相呼应。此岛平面为三角形，与雪香云蔚亭一岛椭圆形者有别，二者之间一溪相隔，溪上覆以小桥，其旁幽篁丛出，老树斜依，而清流涓涓，宛若与树上流莺相酬答，至此顿忘尘嚣。自雪香云蔚亭而下，便到荷风四面亭。亭亦六角，居三路之交点，前后皆以曲桥相贯，前通倚玉轩而后达见山楼及别有洞天。经曲廊名柳荫路曲者达见山楼，楼为重檐歇山顶，以假山构成云梯，可导至楼层。是楼位居中部西北之角，因此登楼远望，其至四周距离较大，所见景物亦远，如转眼北眺，则城倪景物，又瞬入眼帘了。此种手法，在中国园林中最为常用，如中由吉巷半园用五边形亭，狮子林用扇面亭，皆置于角间略高的山巅。至于此园面积较大，而积水弥漫，建一重楼，但望去不觉高耸凌云，而水间倒影清澈，尤增园林景色。然在设计时，应注意其立面线脚，宜多用横线，与水面取得平行，以求统一。香洲俗呼"旱船"，形似船而不能行水者。入舱置一大镜，故从倚玉轩西望，镜中景物，真幻莫辨。楼上名澄观楼，亦宜眺远。向南为得真亭，内置一镜，命意与前同。

是区水面狭长，上跨石桥名小飞虹，将水面划分为二。其南水榭三间，名小沧浪，亦跨水上，又将水面再度划分。二者之下皆空，不但不觉其局促，反觉面积扩大，空灵异常，层次渐多了。人们视线从小沧浪穿小飞虹及一庭秋月啸松风亭，水面极为辽阔，而荷风四面亭倒影、香洲侧影、远山楼角皆先后入眼中，真有从小窥大，顿觉开朗的样子。枇杷园在远香堂东南，以云墙相隔。通月门，则嘉实亭与玲珑馆分列于前，复自月门回望雪香云蔚亭，如在环中，此为最好的对景。我们坐园中，垣外高槐亭台，移置身前，为极好的借景。园内用鹅子石铺地，雅洁异常，惜沿墙假山修时已变更原形，而云墙上部无收头，转折又略嫌生硬。从玲珑馆旁曲廊至海棠春坞，屋仅面阔二间，阶前古树一木，海棠一树，佳石一二，近屋回以短廊，漏窗外亭阁水石隐约在望，其环境表面上看来是封闭的，而实际是处处通畅，面面玲珑，置身其间，便感到密处有疏，小处现大，可见设计手法运用的巧妙了。

西部与中部原来是不分开的，后来一园划分为二，始用墙间隔，如今又合而为一，因此墙上开了漏窗。当其划分时，西部欲求有整体性，于是不得不在小范围内加工，沿水的墙边就构了水廊。廊复有曲折高低的变化，人行其上，宛若凌波。是苏州诸园中之游廊极则。三十六鸳鸯馆与十八曼陀罗花馆系鸳鸯厅，为西部主要建筑物，外观为歇山顶，面阔三间，内用卷棚四卷，四隅各加暖阁，其形制为国内孤例。此厅体积似乎较大，其因实由于西部划分后，欲成为独立的单位，此厅遂为主要建筑部分，在需要上不能不建造。但碍于地形，于是将前部空间缩小，后部挑出水中，这虽然解决了地位安顿问题，但卒使水面变狭与对岸之山距离太近，陆地缩小，而本身又觉与全园不称，当然是美中不足处。此厅为主人宴会与顾曲之处，因此在房屋结构上，除运用卷棚顶以增加演奏效果外，其四隅之暖阁，既解决进出时风击问题，复可利用为宴会时仆从听候之处，演奏时暂作后台之用，设想上是相当周到。内部的装修精致，与留听阁同为苏州少见的。至于初春十八曼陀罗花馆看宝朱山茶花，夏日三十六鸳鸯馆看鸳鸯于荷蕖间，宜乎南北各置一厅。对岸为浮翠阁，八角二层，登阁可鸟瞰全园，惜太高峻，与环境不称。其下隔溪小山上置二亭，即笠亭与扇面亭。亭皆不大，盖山较低小，不得不使然。扇亭位于临流转角，因地而设，宜于闲眺，故颜其额为"与谁同坐轩"。亭下为修长流水，水廊缘边以达倒影楼。楼为歇山顶，高二层，与六角攒尖的宜两亭遥遥相对，皆倒影水中，互为对景。鸳鸯厅西部之溪流中，置塔影亭，它与其北的留听阁，同样在狭长的水面二尽头，而外观形式亦相仿佛，不过地位视前二者为低，布局与命意还是相同的。塔影亭南，原为补园入口以通张宅的，今已封闭。

东部久废，刻在重建中，从略。

留园 在阊门外留园路，明中叶为徐时泰"东园"，清嘉庆间（约1800年）刘恕重建，以园中多白皮松，故名"寒碧山庄"，又称"刘园"。园中旧有十二峰，为太湖石之上选。光绪二年（1876年）间归盛康，易名留园。园占地五十市亩，面积为苏州诸园之冠。

是园可划分为东西中北四部。中部以水为主，环绕山石楼阁，贯以长廊小桥。东部以建筑为主，列大型厅堂，参置轩齐，间列立峰斧劈，在平面上曲折多变。西部以大假山为主，漫山枫林，亭榭一二，南面环以曲水，仿晋人武陵桃源。是区与中部以云墙相隔，红叶出粉墙之上，望之若云霞，为中部最好的借景。北部旧构已毁，今又重辟，平淡无足观，从略。

中部：入园门经二小院至绿荫，自漏窗北望，隐约见山池楼阁片断。向西达涵碧山房三间，硬山造，为中部的主要建筑。前为小院，中置牡丹台，后临荷池。其左明瑟楼倚涵碧山房而筑，高二层，屋顶用单面歇山，外观玲珑，由云梯可导至二层。复从涵碧山房西折上爬山游廊，登"闻木樨香轩"，坐此可周视中部，尤其东部之曲溪楼、清风池馆、汲古得绠处及远翠阁等参差前后、高下相呼的诸楼阁，掩映于古木奇石之间。南面则廊屋花墙，水阁联续，而明瑟楼微突水面，涵碧山房之凉台再突水面，层层布局，略作环抱之势。楼前清水一池，倒影历历在目。自闻木樨香轩向北东折，经游廊，达远翠阁。是阁位置于中部东北角，其用意与拙政园见山楼相同，不过一在水一在陆，又紧依东部，隔花墙为东部最好的借景。小蓬莱宛在水中央，濠濮亭列其旁，皆几与水平。如此对比，容易显山之峻与楼之高。曲溪楼底层西墙皆列砖框、漏窗，游者至此，感觉处处邻虚，移步换影，眼底如画。而尤其举首西望，秋时枫林如醉，衬托于云墙之后，其下高低起伏若波然，最令人依恋不已。

北面为假山，可亭六角出假山之上，其后则为长廊了。

东部主要建筑物有二：其一五峰仙馆（楠木厅），面阔五间，系硬山造。内部装修陈设，精致雅洁，为江南旧式厅堂布置之上选。其前后左右，皆有大小不等的院子。前后二院皆列假山，人坐厅中，仿佛面对岩壑。然此法为明计成所不取，《园冶》云："人皆厅前掇山，环堵中耸起高高三峰，排列于前，殊为可笑。"此厅列五峰于前，似觉太挤，了无生趣。而计成认为，在这种情况下，应该是"以予见或有嘉树稍点玲珑石块，不然墙中嵌埋壁岩，或顶植卉木垂萝，似有深境也"。我觉得这办法是比较妥善多了。后部小山前，有清泉一泓，境界至静，惜源头久没，泉呈时涸时有之态。山后沿墙绕以回廊，可通左右前后。游者至此，偶一不慎，方向莫辨。在此小院中左眺远翠阁，则隔院楼台又炯然在目，使人益觉该园之宽大。其旁汲古得绠处，小屋一间，紧依五峰仙馆，入内则四壁皆虚，中部景物又复现眼前。其与五峰仙馆相连接处的小院，中植梧桐一树，望之亭亭如盖，此小空间的处理是极好的手法。还我读书处与揖峰轩都是两个小院，在五峰仙馆的左邻，是介于与林泉耆硕之馆中间，为二大建筑物中之过渡。小院绕以回廊，间以砖框。院中安排佳木修竹，萱草片石，都是方寸得宜，楚楚有致，使人有静中生趣之感，充分发挥了小院落的设计手法，而游者至此往往相失。由揖峰轩向东为林泉耆硕之馆，俗呼鸳鸯厅，装修陈设极尽富丽。屋面阔五间，单檐歇山造，前后二厅，内部各施卷棚，主要一面向北，大木梁架用"扁作"，有雕刻，南面用"圆作"，无雕刻。厅北对冠云沼，冠云、岫云、朵云三峰以及冠云亭、冠云楼。三峰为明代旧物，苏州最大的湖石。冠云峰后侧为冠云亭，亭六角，倚玉兰花下。向北登云梯上冠云楼，虎丘塔影，阡陌平畴，移置窗前了。伫云庵与冠云台位于沼之东西。从冠云台入月门，乃佳晴喜雨快雪之亭。亭内楠木槅扇六扇，雕刻甚精。惜是亭面西，难免受阳光风露之损伤。东园一角为新辟，山石平淡无奇，不足与旧构相颉颃了。

西部园林以时代而论，似为明"东园"旧规，山用积土，间列黄石，犹是李渔所云"小山用石，大山用土"的老办法，因此漫山枫树得以滋根。林中配二亭：一为舒啸亭，系圆攒尖；一为至乐亭，六边形，系仿天平山范祠御碑亭而略变形的，在苏南还是创见。前者隐于枫林间，后者据西北山腰，可以上下眺望。南环清溪，植桃柳成荫，原期使人至此有世外之感，但有意为之，顿成做作。以人工胜天然，在园林中实是不易的事。溪流终点，则为活泼泼的，一阁临水，水自阁下流入，人在阁中，仿佛跨溪之上，不觉有尽头了。唯该区假山，经数度增修，殊失原态。

北部旧构已毁，今新建，无亭台花木之胜。

四

江南园林占地不广，然千岩万壑，清流碧潭，皆宛然如画，正如钱泳所说："造园如作诗文，必使曲折有法。"因此对于山水、亭台、厅堂、楼阁、曲池、方沼、花墙、游廊等之安排划分，必使风花雪月，光景常新，不落窠臼，始为上品。对于总体布局及空间处理，务使有扩大之感，观之不尽，而风景多变，极尽规划的能事。总体布局可分以下几种：

中部以水为主题，贯以小桥，绕以游廊，间列亭台楼阁，大者中列岛屿。此类如网师园、人民路怡园中部等。庙堂巷畅园，地颇狭小，一水居中，绕以廊屋，宛如盆景。留园虽以水为主，然刘师敦桢认为该园以整体而论，当以东部建筑群为主，这话亦有其理。

以山石为全园之主题。因是区无水源可得，且无洼地可利用，故不能不以山石为主题使其突出，固设计中一法。西百花巷程氏园无水可托，不得不如此。环秀山庄范围小，不能凿大池，亦以山石为主，略引水泉，俾山有生机，岩现活态，苔痕鲜润，草木华滋，宛然若真山水了。

基地积水弥漫，而占地尤广，布置遂较自由，不能为定法所囿。如拙政园、五亩园等较大的，更能发挥开朗变化的能事。尤其拙政园中部的一些小山，大有张涟所云"平冈小坡，曲岸回沙"，都是运用人工方法来符合自然的境界。计成《园冶》云："虽由人作，宛自天开。"刘师敦桢主张："池水以聚为主，以分为辅，小园聚胜于分，大园虽可分，但须宾主分明。"我说网师园与拙政园是两个佳例，皆苏州园林上品。

前水后山，复构堂于水前，坐堂中穿水遥对山石，而堂则若水榭，横卧波面，文衙弄艺圃布局即如是。北寺塔东芳草园亦仿佛似之。

中列山水，四周环以楼及廊屋，高低错落，迤逦相续，与中部山石相呼应，如小新桥巷耦园东部，在苏州尚不多见。东北街韩氏小园，亦略取是法，不过楼屋仅有两面。中由吉巷半园、修仙巷宋氏园皆有一面用楼。

明代园林，接近自然，犹是计成、张涟父子辈所总结的方法，利用原有地形，略加整理。其所用石，在苏州大体以黄石为主，如拙政园中部二小山及绣绮亭下者。黄石虽无湖石玲珑剔透，然掇石有法，反觉浑成，既无矫揉做作之态，且无累石不固的危险。我们能从这种方法中细细探讨，在今日造园中还有不少优良传统可以吸收学习的。到清代造园，率皆以湖石叠砌，贪多好奇，每以湖石之多少与一峰之优劣，与他园计较短长。试以怡园而论，购洞庭山三处废园之石累积而成，一峰一石，自有上选，即其一例。可见"小山用石"，非全无寸土，不然树木将无所依托了。环秀山庄虽改建于乾隆间，数弓之地，深谿幽壑，势若天成，其竖石运用宋人山水的所谓"斧劈法"，再以镶嵌出之，简洁遒劲，其水则迂回曲折，山石处处滋润，苍岩欣欣欲活了，诚为江南园林的杰构。于此方知设计者若非胸有丘壑、挥洒自如者，焉能至斯？学养之功可见重要了。

掇山既须以原有地形为据，自然之态又变化多端，无一定成法，可是自然的形成与发展，亦有一定的规律可循，"师古人不如师造化"，实有其理在。我们今日能通乎此理，从自然景物加以分析，证以古人作品，评其妍媸，撷其菁华，构成最美丽的典型。奈何苏州所见晚期园林，什九已成"程式化"，从不在整体考虑，每以亭台池馆，妄加拼凑。尤以掇山选石，皆举一峰片石，视之为古董，对花树的衬托，建筑物的调和等，则有所忽略。这是今日园林设计者要引以为鉴的。如怡园欲集诸园之长，但全局涣散，似未见成功。

园林之水，首在寻源，无源之水必成死水。如拙政园利用原来池沼，环秀山庄掘地得泉，水虽涓涓，亦必清冽可爱。但园林面积既小，欲使有汪洋之概，则在于设计的得法。其法有二：第一，池面利用不规则的平面，间列岛屿，上贯以小桥，在空间上使人望去，不觉一览无余。第二，留心曲岸水口的设计，故意做成许多湾头，望之仿佛有许多源流，如是则水来去无尽头，有深壑藏函之感。至于曲岸水口之利用芦苇，杂以菰蒲，则更显得隐约迷离，这是在较大的园林应用才妙。留园活泼泼的，水榭临流，溪至树下已尽，但必流入一部分，则俯视之下，榭若跨溪上，水不觉终止。南显子巷惠荫园水假山，系层叠巧石如洞曲，引水灌之，点以步石，人行其间，如入涧壑，洞上则构屋。此种形式为吴中别具一格者，殆系南宋杭州"赵翼王园"中之遗制。沧浪亭以山为主，但西部的步碕廊突然逐渐加高，高瞰水潭，自然临渊莫测。艺园的桥与水几平，反之两岸山石愈显高峻了。怡园之桥虽低于山，似嫌与水尚有一些距离。至于小溪作桥，在对比之下，其情况何如，不难想象。古人改用"点其步石"的方法，则更为自然有致。瀑布除环秀山庄檐瀑外，他则罕有。

中国园林除水石池沼外，建筑物如厅、堂、斋、台、亭、榭、轩、卷、廊等，都是构成园林的主要部分。然江南园林以幽静雅淡为主，故建筑物务求轻巧，方始相称，所以在建筑物的地点、平面，以及外观上不能不注意。《园冶》云："凡园圃立基，定厅堂为主，先取乎景，妙在朝南，倘有乔木数株，仅就中庭一二。"苏南园林尚守是法，如拙政园远香堂、留园涵碧山房等皆是。至于楼台亭阁的地位，虽无成法，但"按基形成"，"格式随宜"，"随方制象，各有所宜"，"一榱一角，必令出自己裁"，"花间隐榭，水际安亭"，还是要设计人从整体出发，加以灵活应用。古代如《园冶》《长物志》《工段营造录》等，虽有述及，最后亦指出其不能守为成法的。试以拙政园而论，我们自高处俯视，建筑物虽然是随宜安排的，但是它们方向还是直横有序。其外观给人的感觉是轻快为主，平面正方形、长方形、多边形、圆形等皆有，屋顶形式则有歇山、硬山、悬山、攒尖等，而无庑殿式，即歇山、硬山、悬山，亦多数采用卷棚式。其翼角起翘类，多用"水戗发戗"的办法，因此翼角起翘低而外观轻快。檐下玲珑的挂落，柱间微弯的吴王靠，得能取得一致。建筑物在立面的处理，以留园中部而论，我们自闻木樨香轩东望，对景主要建筑物是曲溪楼，用歇山顶，其外观在第一层做成仿佛台基的形状，与水相平行的线脚与上层分界，虽系二层，看去不觉其高耸。尤其曲溪楼、西楼、清风池馆三者的位置各有前后，屋顶立面皆同中寓不同，与下部的立峰水石都很相称。古木一树斜横波上，益增苍古，而墙上的砖框漏窗，上层的窗棂与墙面虚实的对比，疏淡的花影，都是苏州园林特有的手法；倒影水中，其景更美。明瑟楼与涵碧山房相邻，前者为卷棚歇山，后者为卷棚硬山，然两者相连，不能不用变通的办法。明瑟楼歇山山面仅作一面，另一面用垂脊，不但不觉得其难看，反觉生动有变化。他如畅园因基地较狭长，中又系水池，水榭无法安排，卒用单面歇山，实系同出一法。反之东园一角亭，为求轻巧起见，六角攒尖顶翼角用"水戗发戗"，其上部又太重，柱身瘦而高，在整个比例上顿觉不稳。东部舒啸亭至乐亭，前者小而不见玲珑，后者屋顶虽多变化，亦觉过重，都是比例上的缺陷。苏南筑亭，晚近香山匠师每将屋顶提得过高，但柱身又细，整个外观未必真美。反视明代遗构艺圃，屋顶略低，较平稳得多。总之单体建筑，必然要考虑到与全园的整个关系才是。至于平面变化，虽洞房曲户，亦必做到曲处有通，实处有疏。小型轩馆，一间，二间，或二间半均可，皆视基地，位置得当。如拙政园海棠春坞，面阔二间，一大一小，宾主分明。留园揖峰轩，面阔二间半，而尤妙于半间，方信《园冶》所云有其独见之处。建筑物的高下得势，左右呼应，虚实对比，在在都须留意。王洗马巷万氏园（原为任氏），园虽小，书房部分自成一区，极为幽静。其装修与铁瓶巷住宅东西花厅、顾宅花厅、网师园、西百花巷程氏园、大石巷吴宅花厅等（详见拙著《装修集录》），都是苏州园林中之上选。至于他园尚多商量处，如留园太烦琐伧俗，佳者甚少；拙政园精者固有，但多数又觉简单无变化，力求一律，皆修理中东拼西凑或因陋就简所造成。怡园旧装修几不存，而旱船为吴中之尤者，所遗装修极精。

园林游廊为园林的脉络，在园林建筑中处极重要地位，故特地说明一下。今日苏州园林廊之常见者为复廊，廊系两面游廊中隔以粉墙，间以漏窗（详见拙编《漏窗》），使墙内外皆可行走。此种廊大都用于不封闭性的园林，如沧浪亭的沿河。或一园中须加以间隔，欲使空间扩大，并使入门有所过渡，如"怡园"的复廊，便是一例，此廊显然是仿前者。它除此作用外，因岁寒草堂与拜石轩之间不为西向阳光与朔风所直射，用以阻之，而阳光通过漏窗，其图案更觉玲珑剔透。游廊有陆上、水上之分，又有曲廊、直廊之别，但忌平直生硬。今日苏州诸园所见，过分求曲，则反觉生硬勉强，如留园中部北墙下的。至其下施以砖砌阑干，一无空虚之感，与上部挂落不称，柱夹砖中，僵直滞重。铁瓶巷住宅及拙政园西部水廊小榭，易以镂空之砖，似此较胜。拙政园旧时柳荫路曲，临水一面阑干用木制，另一面上安吴王靠，是有道理的。水廊佳者，如拙政园西部的，不但有极佳的曲折，并有适当的坡度，诚如《园冶》所云的"浮廊可渡"，允称佳构。尤其可取的，就是曲处湖石芭蕉，配以小榭，更觉有变化。爬山游廊，在苏州园林中的狮子林、留园、拙政园，仅点缀一二，大都是用于园林边墙部分。设计此种廊时，应注意到坡度与山的高度问题，运用不当，顿成头重脚轻，上下不协调。在地形狭宽不同的情况下，可运用一面坡，或一面坡与二面坡并用，如留园西部的。曲廊的曲处是留虚的好办法，随便点缀一些竹石、芭蕉，都是极妙的小景。

李斗云："板上甃砖谓之向廊，随势曲折谓之游廊，入竹为竹廊，近水为水廊。花间偶出数尖，池北时来一角，或依悬崖，故作危槛，或跨红板，下可通舟，递迫于楼台亭榭之间，而轻好过之。廊贵有阑。廊之有阑，如美人服半臂，腰为之细。其上置板为飞来椅，亦名美人靠，其中广者为轩。"言之尤详，可资参考。今日复有廊外植芭蕉，呼为蕉廊，植柳呼为柳廊，夏日人行其间，更觉翠色侵衣，溽暑全消。冬日则阳光射入，温和可喜，用意至善。而古时以廊悬画称画廊，今日壁间嵌诗条石，都是极好的应用。

园林中水面之有桥，正陆路之有廊，重要可知。苏州园林习见之桥，一种为梁式石桥，可分直桥、九曲桥、五曲桥、三曲桥、弧形桥等，其位置有高于水面与岸相平的，有低于两岸浮于水面的。以时代而论，后者似较旧，今日在艺园及无锡寄畅园、常熟诸园所见的，都是如此。怡园及已毁木渎严家花园，亦仿佛似之，不过略高于水面一点。旧时为什么如此设计呢？它所表现的效果有二：第一，桥与水平，则游者凌波而过，水益显汪洋，桥更觉其危了；第二，桥低则山石建筑愈显高峻，与丘壑楼自然成强烈对比。无锡寄畅园假山用平冈，其后以惠山为借景，冈下幽谷间施以是式桥，诚能发挥明代园林设计之高度技术。今日梁式桥往往不照顾地形，不考虑本身大小，随便安置，实属非当。尤其阑干之高度、形式，都从不与全桥及环境作一番研究，甚至于连半封建半殖民地的阑干都加了上去，如拙政园西部是。上选者，如艺圃小桥、拙政园倚虹桥都是。

拙政园中部的三曲五曲之桥，阑干比例还好，可惜桥本身略高一些。待霜亭与雪香云蔚亭二小山之间石桥，仅搁一石板，不施阑干，极尽自然质朴之意，亦佳构。另一种为小型环洞桥，狮子林、网师园都有。以此二桥而论，前者不及后者为佳，因环洞桥不适宜建于水中部，水面既小，用此中阻，遂显庞大质实，略无空灵之感。后者建于东部水尽头，桥本身又小，从西东望，辽阔的水面中倒影玲珑，反之自桥西望，亭台映水，用意相同。中由吉巷半园，因地狭小，将环洞变形，亦系出权宜之计。至于小溪，《园冶》所云"点其步石"的办法，尤能与自然相契合，实远胜架桥其上。可是此法，今日差不多已成绝响了。

园林的路，《清闲供》云："门内有径，径欲曲。""室旁有路，路欲分。"今日我们在苏州园林所见，还能如此。拙政园中部道路，犹守明时旧规，从原来地形出发，加以变化，主次分明，曲折有度。环秀山庄面积小，不能不略作纡盘，但亦能恰到好处，行者有引人入胜之概。然狮子林、怡园的故作曲折，使人莫之所从，既悖自然之理，又多不近人情。因此矫揉造作，与自然相距太远的安排，实在是不艺术的事。

铺地，在园林亦是一件重要的工作，不论庭前、曲径、主路，皆须极慎重考虑。今日苏州园林所见，有仄砖铺于主路，施工简单，并凑图案自由。碎石地，用碎石仄铺，可用于主路小径庭前，上面间有用缸片点缀一些图案。或缸片仄铺，间以瓷片，用法同前。鹅子地或鹅子间加瓷片并凑成各种图案，称

"花界"，视上述的要细致雅洁多，留园自有佳构。但其缺点是石隙间的泥土，每为雨水及人力所冲扫而逐渐减少，又复较易长小草，保养费事，是需要改进的。冰裂地则用于庭前，苏南的结构有二：其一即冰纹石块平置地面，如拙政园远香堂前的，颇饶自然之趣，然亦有不平稳的流弊。其一则冰纹石交接处皆对卯拼成，施工难而坚固，如留园涵碧山房前、铁瓶巷顾宅花厅的，都是极工整。至于庭前踏跺用天然石叠，如拙政园远香堂及留园五峰仙馆前的，皆饶野趣。

园林的墙，有乱石墙、磨砖墙、漏砖墙、白粉墙等数种。苏州今日所见，以白粉墙为最多，外墙有上开瓦花窗（漏窗开在墙顶部）的，内墙间开漏窗及砖框的，所谓粉墙花影，为人乐道。磨砖墙，园内仅建筑物上酌用之，园门十之八九贴以水磨砖砌成图案，如拙政园大门。乱石墙只见于裙肩处。在上海南市薛家浜路旧宅中，我曾见到冰裂纹上缀以梅花的，极精，似系明代旧物。西园以水花墙区分水面，亦别具一格。

联对、匾额，在中国园林中，正如人之有须眉，为不能少的一件重要点缀品。苏州又为人文荟萃之区，当时园林建造复有文人画家的参与，用人工构成诗情画意，将平时所见真山水，古人名迹、诗文歌诗所表达的美妙意境，撷其精华而总合之，加以突出。因此山林岩壑，一亭一树，莫不用文学上极典雅美丽而适当的辞句来形容它，使游者入其地，览景而生情文，这些文字亦就是这个环境中最恰当的文字代表。例如拙政园的远香堂与留听阁，同样是一个赏荷花的地方，前者出"香远益清"

句，后者出"留得残荷听雨声"句。留园的闻木樨香轩、拙政园的海棠春坞，又都是根据这里所种的树木来命名的。游者至此，不期而然地能够出现许多文学艺术的好作品，这不能不说是中国园林的一个特色了。我希望今后在许多旧园林中，如果无封建意识的文字，仅就描写风景的，应该好好保存下来。苏州诸园皆有好的题辞，而怡园诸联集宋词，更能曲尽其意，可惜皆不存了。至于用材料，因园林风大，故十之八九用银杏木阴刻，填以石绿：或用木阴刻后髹漆敷色者亦有，不过色彩都是冷色。亦有用砖刻的，雅洁可爱。字体以篆隶行书为多，罕用正楷，取其古朴与自然。中国书画同源，本身是个艺术品，当然是会增加美观的。

树木之在园林，其重要不待细述，已所洞悉。江南园林面积小，且都属封闭性，四周绕以高垣，故对于培花植木，必须深究地位之阴阳，土地之高卑，树木发育之迟速，耐寒抗旱之性能，姿态之古拙与华滋，更重要的为布置的地位与树石的安排了。园林之假山与池沼，皆真山水的缩影，因此树木的配置，不能任其自由发展。所栽植者，必须体积不能过大，而姿态务求入画，虬枝傍水，盘根依阿，景物遂形苍老。在选树之时，尤须留意此端，宜乎李格非所云"人力胜者少苍古"了。今日苏州树木常见的，如拙政园，大树用榆、枫杨等。留园中部多银杏，西部则漫山枫树。怡园面积小，故易以桂、松及白皮松，尤以白皮松树虽小而姿态古拙，在小园中最是珍贵。他则杂以松、梅、棕树、黄杨，在发育上均较迟缓。其次园小垣高，阴地多而阳地少，于是墙阴必植耐寒植物，如女贞、棕树、竹之类。岩壑必植高山植物，如松、柏之类。阶下石隙之中，植长绿阴性草类。全园中长绿者多于落叶者，则四季咸青，不致秋冬髡秃无物了。至于乔木若榆、槐、枫杨、朴、榉、枫等，每年修枝，使其姿态古拙入画。此种树的根部甚美，尤以榆树及枫、杨，年龄大后，身空皮留，老干抽条，葱翠如画境。今日苏州园林中之山巅栽树，大别有两种情况：第一类，山巅山麓只植大树，而虚其根部，俾可欣赏其根部与山石之美，如留园的与拙政园的一部分；第二类，山巅山麓树木皆出丛竹或灌木之上，山石并攀以藤萝，使望去有深郁之感，如沧浪亭及拙政园的一部分。然二者设计者的依据有所不同。以我们分析，这些全在设计者所用树木的各异，如前者师元代画家倪瓒（云林）的清逸作风，后者则效明代画家沈周（石田）的沉郁了。至于滨河低卑之地，种柳、栽竹、植芦，而墙阴栽爬山虎、修竹、天竹、秋海棠等，叶翠，花冷，实鲜，高洁耐赏。但此等亦必须每年修剪，不能任其发育。

园林栽花与树木同一原则，背阴且能略受阳光之地，栽植桂花、山茶之类。此二者除终年常青外，开花一在秋，一在春初，都是群花未放之时，而姿态亦佳，掩映于奇石之间，冷隽异常。紫藤则入春后，一架绿荫，满树繁花，望之若珠光宝露。牡丹之作台，衬以文石阑干，实牡丹宜高地向阳，兼以其花华丽，故不得不使然。他若玉兰、海棠、牡丹、桂花等同栽庭前，谐音为"玉堂富贵"，当然命意已不适于今日，但在开花的季节与色彩的安排上，前人未始无理由的。桃李则宜植林，适于远眺，此在苏州，仅范围大的如留园、拙政园可以酌用之。

树木的布置，在苏州园林有两个原则：第一，用同一种树植之成林，如怡园听涛处植松，留园西部植枫，闻木樨香轩前植桂。但又必须考虑到高低疏密间及与环境的关系。第二，用多种树同植，其配置如作画构图一样，更要注意树的方向及地的高卑是否适宜于多种树性，树叶色彩的调和对比，长绿树与落叶树的多少，开花季节的先后，树叶形态，树的姿势，树与石的关系，必须要做到片山多致，寸石生情，二者间是一个有机的联系才是。更须注意它与建筑物的式样、颜色的衬托，是否已做到"好花须映好楼台"的效果。水中植荷，似不宜多。荷多必减少水的面积，楼台缺少倒影，宜略点缀一二，亭亭玉立，摇曳生姿，隔秋水宛在水中央。据云，昆山顾氏园藕植于池中石板底，石板仅凿数洞，俾不使其自由繁植。刘师敦桢云："南京明徐氏东园池底置缸，植荷其内。"用意相同。

苏南园林以整体而论，其色彩以雅淡幽静为主，它与北方皇家园林的金碧辉煌，适成对比。以我个人见解：第一，苏南居住建筑所施色彩，在梁枋柱头皆用栗色，挂落用墨绿，有时柱头用黑色退光，都是一些冷色调，与白色墙面起了强烈的对比，而花影扶疏，又适当地冲淡了墙面强白，形成良好的过渡，自多佳境了。且苏州园林皆与住宅相连，为养性读书之所，更应以清静为主，宜乎有此色调。它与北方皇家花园的那样宣扬自己威风与炫耀富贵的，在作风上有所不同。苏州园林，士大夫未始不欲炫耀富贵，然在装修、选石、陈列上用功夫，在色彩上仍然保持以雅淡为主的原则。再以南宗山水而论，水墨浅绛，略施淡彩，秀逸天成，早已印在士大夫及文人画家的脑海中。在这种思想影响下设计出来的园林，当然不会用重彩贴金了。加以江南炎热，朱红等热颜料亦在所非宜，封建社会的民居，尤不能与皇家同一享受，因此色彩只好以雅静为归，用清幽胜浓丽，设计上用以少胜多的办法了。此种色彩，其佳处是与整个园林的轻巧外观，灰白的江南天色，秀茂的花木，玲珑的山石，柔媚的流水，都能相配合调和，予人的感觉是淡雅幽静。这又是江南园林的特征了。

中国园林还有一个特色，就是设计者考虑到不论风雨明晦，景色咸宜，在各种自然条件下，都能予人们以最大最舒适的美感。除山水外，楼横堂列，廊庑回缭，阑楯周接，木映花承，是起了最大的作用的，使人们在各种自然条件下来欣赏园林。诗人画家在各种不同的境界中，产生了各种不同的体会，如夏日的蕉廊，冬日的梅影、雪月，春日的繁花、丽日，秋日的红蓼、芦塘，虽四时之景不同，而景物无不适人。至于松风听涛，菰蒲闻雨，月移花影，雾失楼台，斯景又宜其览者自得之。这种效果的产生，主要在于设计者对文学艺术的高度修养，以及与实际的建筑相结合，使理想中的境界付之于实现，并撷其最佳者而予以渲染扩大。如叠石构屋，凿水穿泉，栽花种竹，都是向这个目标前进的。文学艺术家对自然美的欣赏，不仅在一个春日的艳阳天气，而是要在任何一个季节，都要使它变成美的境地。因此，对花影要考虑到粉墙，听风要考虑到松，听雨要考虑到荷叶，月色要考虑到柳梢，斜阳要考虑到梅竹等，都希望使理想中的幻景能付诸实现，安排一石一木，都寄托了丰富的情感，宜乎处处有情，面面生意，含蓄有曲折，余味不尽。此又为中国园林的特征。

五

以上所述，系就个人所见，掇拾一二，提供大家参考。我相信，苏州园林不但在中国造园史上有其重要与光辉的一页，而且至今尚为广大人民游憩之所。为了继承与发挥优良的文化传统，此份资料似有提出的必要。

1956 年陈从周编著《苏州园林》

小有亭台亦耐看：网师园

"小有亭台亦耐看"，并不容易做到，从艺术角度来讲，就是要以少胜多，要含蓄，要有不尽之意，要能得体，无过无不及，恰到好处。试以苏州网师园来谈谈，它是造园家推誉的小园典范。

网师园初建于宋代，原为南宋史正志的万卷堂故址。清乾隆年间（1736—1795年）重建，同治年间（1862—1874年）又重修，形成了今天的规模。园占地不广，但是人处其境，会感到称心悦目，宛转多姿，可坐可留，足堪盘桓竟夕，确实有其迷人之处，能达到"淡语皆有味，浅语皆有致"的高境界。

中国园林往往与住宅相连，是住宅建筑的组成部分。中国传统住宅多受封建社会的宗法思想影响，布局较为严谨，而园林部分却多范山模水，以自然景色出现，可调剂生活，增进舒适的情味。网师园的园林和住宅都不算大，皆以精巧见称，主宅亦只有会客饮宴用的大厅和起居的内厅。主宅旁则以楼屋为过渡，与西部的园林形成若合若分的处理，手法巧妙。

从桥厅西首入园，可看到门上刻有"网师小筑"四字，网师是托于渔隐的意思，因此，园的中心是一个大池。进园有曲廊接四面厅，厅名小山丛桂轩，轩前隔以花墙，山幽桂馥，香藏不散。轩东有便道，可直贯南北，径莫妙于曲，莫便于直，因为是便道所以用直道，供当时仆人作传达递送之用的。蹈和馆琴室位轩西，小院回廊，迂徐曲折。欲扬先抑，未歌先敛，此处造园即用此技法，故小山丛桂轩的北面用黄石山围隔，称云岗。随廊越陂，有亭可留，名月到风来亭，视野开阔，明波若镜，渔矶高下，画桥迤逦，俱呈一池之中，其间高下虚实，云水变幻，骋怀游目，咫尺千里。"涓涓流水细侵阶，凿个池儿，招个月儿来，画栋频摇动，芙荷藻尽倒开。"亭名正写此妙境。云岗以西，小阁临流，名"濯缨"，与看松读画轩隔水相呼。轩是园的主厅，其前古木若虬，老根盘结于苔石间，仿佛一幅画面。轩旁有廊一曲，与竹外一枝轩接连，东廊名"射鸭"，是一半亭，与池西之月到风来亭相映，凭栏得静观之趣。俯视池水，弥漫无尽，聚而支分，去来无踪，盖得力于溪口、湾头、石矶的巧妙安排，以假象逗人。桥与步石环池而筑，其用意在不分割水面，看去增添支流深远之意。至于驳岸有级，出水流矶，增人浮水之感。而亭、台、廊、榭无不面水。使全园处处有水可依。园不在大，泉不在广。唐杜甫诗所谓"名园依绿水"，正好为此园写照。池周山石，看去平易近人，蕴藉多姿，它的蓝本出自虎丘白莲池。

网师园西部殿春簃本来是栽植芍药花的，因为一春花事，芍药开在最后，所以名为"殿春"。小轩三间，复带书房，竹、石、梅、蕉隐于窗后，每当微阳淡淡地照着，宛如一幅浅色的图画。苏州的园林，此园的构思最佳。因为园小，建筑物处处凌虚，空间扩大，"透"字的妙用，随处得之。轩前面东为假山，与其西曲廊相对。西南角上有一小水池，名为"涵碧"，清澈醒人，与中部大池有脉可通，存水贵有源之意。泉上筑亭，名"冷泉"，南面略置峰石，为殿春簃的对景。余地用卵石平整铺地。它与中部水池同一原则，都是以大片面积，形成水陆的对比。前者以石点水，后者以水点石。在总体上是利用建筑与山石的对比，相互更换，使人看去觉得变化多端。

万顷之园难在紧凑，数亩之园难在宽绰。紧凑则不觉其大，游无倦意，宽绰则不觉局促，览之有物，故以静动观园，有缩地扩基之妙，而奴役风月，左右游人，极尽构思之巧。网师园无旱船①、大桥，建筑物尺度略小，数量适可而止，停停当当，像个小园格局，这在造园学上称为"得体"。

至于树木栽植，小园宜多落叶，以疏植之，取其空透。此

---

① 旱船是中国园林常见的一种建筑形式，为水边建造的船形建筑物，以供临水游憩眺望。

为以疏救塞，因为园小往往务多的缘故。小园布景有中空而边实，有中实而边空，前者如网师园，后者环秀山庄略似之。总之，在有限面积要有较大空间，这些空间要有变化，所以利用建筑、花墙、山石等分隔，以形成多种层次，而曲水弯环，又在布局上多不尽之意。造园之妙，盖在于此。

苏州沧浪亭

人们一提起苏州园林，总感到它被封闭在高墙之内，窈然深锁，开畅不足。当然这是受历史条件所限，产生了一定的局限性。但古代的匠师们，能在这个小天地中创造别具风格的宅园，间隔了城市与山林的空间。如将园墙拆去，则面貌顿异，一无足取了。苏州尚有一座沧浪亭，也是大家所熟悉的名园。这座园子的外貌，非属封闭式。因葑溪之水，自南园潆洄曲折，过"结草庵"（该庵今存白皮松，巨大为苏州之冠），涟漪一碧，与园周匝，从钓鱼台至藕花水榭一带，古台芳榭，高树长廊，未入园而隔水迎人，游者已为之神驰遐想了。

沧浪亭是个面水园林，可是园内则以山为主，山水截然分隔。"水令人远，石令人幽"，游者渡平桥入门，则山严林肃，瞿然岑寂，转眼之间，感觉为之一变。园周以复廊，廊间以花墙，两面可行。园外景色，自漏窗中投入，最逗游人。园内园外，似隔非隔，山崖水际，欲断还连。此沧浪亭构思之着眼处。若无一水萦带，则园中一丘一壑，平淡原无足观，不能与他园争胜。园外一笔，妙手得之，对比之运用，"不着一字，尽得风流"。

园林苍古，在于树老石拙，唯此园最为突出；而堂轩无藻饰，石径斜廊皆出于丛竹、蕉荫之间，高洁无一点金粉气。明道堂阔敞四合，是为主厅。其北峰峦若屏，耸然出乔木中者，即所谓沧浪亭。游者可凭陵全园，山旁曲廊随坡，可凭可憩。其西轩窗三五，自成院落，地穴门洞，造型多样；而漏窗一端，品类为苏州诸园冠。

看山楼居园之西南隅，筑于洞曲之上，近俯南园，平畴村舍（今已皆易建筑），远眺楞伽七子诸峰，隐现槛前。园前环水，园外借山，此园皆得之。

园多乔木修竹，万竿摇空，滴翠匀碧，沁人心脾。小院兰香，时盈客袖，粉墙竹影，天然画本，宜静观，宜雅游，宜作画，宜题诗。从宋代苏子美、欧阳修、梅圣俞，直到近代名画家吴昌硕，名篇成帙，美不胜收，尤以沧浪亭最早主人苏子美的绝句："夜雨连明春水生，娇云欲暖弄微晴；帘虚日薄花竹静，时有乳鸠相对鸣。"最能写出此中静趣。

沧浪亭是现存苏州最古的园林，五代钱氏时为广陵王元璙池馆，或云其近戚吴军节度使孙承佑所作。宋庆历间苏舜钦

（子美）买地作亭，名曰"沧浪"，后为章申公家所有。建炎间毁，复归韩世忠。自元迄明为僧居。明嘉靖间筑妙隐庵、韩蕲王祠。释文瑛复子美之业于荒残不治之余。清康熙间，宋荦抚吴重修，增建苏公祠以及五百名贤祠（今明道堂西），又构亭。道光七年（1827 年）重修，同治十二年（1873 年）再重建，遂成今状。门首刻有图，为最有价值的图文史料。园在性质上与他园有别，即长时期以来，略似公共性园林，"官绅"谶宴，文人"雅集"，胥皆于此，宜乎其设计处理，别具一格。

南京博物馆《文博通讯》1979 年 12 月第 28 期

个园

　　楼西叠湖石假山，名"秋云"，秀木繁阴，有松如盖。山下
池水流入洞谷，渡过曲桥，有洞如屋，曲折幽邃，苍健夭矫，能
发挥湖石形态多变的特征。

瘦西湖

　　从钓鱼台两圆拱门远眺，白塔与五亭桥正分别逗入两圆门中，构成了极空灵的一幅图画。

绿杨宜作两家春：拙政园

"明月好同三径夜，绿杨宜作两家春。"

拙政园现分为中、西两部，在西部补园，望隔院楼台，隐现花墙之上，欲去无从，登假山巅的宜两亭看，真是美景如画，尽展眼帘，既可俯瞰补园，又可借中部园景，这才领略到亭用"宜两"二字命名所在。

拙政园建于明嘉靖年间，为御史王献臣所建，拙政二字是取古书上"拙者之为政"的意思，表示园主不得志于朝，筑园以明志。几经易主，到了清太平天国运动后，此园的西部分割了出去，名为补园。两园之景互相邻借，虽分犹合。如今东部新辟的园林，则又是从另一园——归田园合并过来的。

园以水为主，利用原来低洼之地，巧妙安排：高者为山，低者拓池，利用其狭长水面，弯环曲岸，深处出岛，浅水藏矶，使水面饶弥漫之意。而亭台间出。桥梁浮波，以虚实之倒影，与高低的层次，构成了以水成景的画面。它是舒展成图，径缘池转，廊引人随，使游者入其园，信步观景，移步移影，景以动观为主。偶尔暂驻之亭，与可留之馆，予人以小休眺景，则又以静观为辅。

绿云垂丝（陈从周）

　　拙政园美在空灵，予人开朗之感，开朗中又具曲笔，所谓"园中有园"。故枇杷园、海棠春坞等小园幽静宜人，而于花墙窗棂中招大园之景于内，互呈其美者，苏州诸园以此为第一。故游人入是园，多少会产生闲云野鹤，去来无踪的雅致。春水之腻，夏水之浓，秋水之静，冬水之寒，与四时花木，朝夕光影，构成了不同季节、不同时间的风光。

　　拙政园内有几处景点是绝不可错过的。远香堂是一座四面敞开的荷花厅，荷香香远益清，所以称远香堂。人至此环身顾盼，一园之景可约略得之。前有山，后有岛，左有亭，右有台，而廊榭周接，木映花承，鸟飞于天。鱼跃于渊，景物之恬适，如饮香醇，此为主景。右转枇杷园，回首远眺，月门中逗人远处雪香云蔚亭，此为对景。经海棠春坞，循阑至梧竹幽居，一亭四出辟拱，人坐其中，四顾皆景矣。渡曲桥登两岛，俯身临池，如入濠濮。望隔岸远香堂、香洲一带华堂、船舫，皆出水面，风荷数柄，摇曳碧波之间，涟漪乍绉，泃足醒人。至西北角，缓步随石径登楼，一园之景华于楼下，以"见山"二字名楼。

通过"别有洞天"的深幽园门，进入园的西部，卅六鸳鸯馆居其中，南北二厅分居前后，南向观山景，北向看荷花，鸳鸯戏水，出没荷蕖间。隔岸浮翠阁出小山之上。所谓浮翠，是水绿、山碧、天青的意思。其旁濒池留听阁。取唐李商隐"留得残荷听雨声"意，此处宜秋，因构此景。浮翠阁之东，倒影楼与宜两亭互为对景，而一水盈盈，高下相见，游人至此，一园之胜毕矣。迟迟举步，回首依恋，园尽而兴未阑也。

庭院深深深几许：留园

"小廊回合曲阑斜"、"庭院深深深几许"，这些唐宋人的词句，描绘了中国庭院建筑之美。

苏州留园与拙政园一样，皆初建于明代，亦同样经过后人重修。其中部假山，出明代叠山匠师周秉忠之手。留园又名寒碧山庄，因为清刘蓉峰①重整此园时，多植白皮松，使园更显清俊，故以寒碧二字名之。刘氏好石，列十二峰宠其园，如冠云一峰，即驰誉至今。

进入留园，那狭长的进口，时暗时明，几经转折，始现花墙当面，仅见漏窗中隐现池石；及转身至明瑟楼，方见水石横

---

① 刘蓉峰，清嘉庆年间（1796—1820 年）园林学家，为苏州留园的重要修整人之一。

陈，花木环覆，不觉此身已置画中矣。恰似白居易"千呼万唤始出来，犹抱琵琶半遮面"之诗意。

此园之中部，有山环水，曲谿楼居其东，粉墙花槐，倒影历历，可亭踞北山之巅，闻木樨香轩与曲谿楼相对，但又隐于石间，藏而不露。游廊环园。起伏高低，止于池南。涵碧山房，荷花厅也。其西北小桥，架三层，各因地势形成立体交通。临水跨谷，各具功能，又各饶情趣。于数丈之地得之，巧于安排也。翘首西望，远眺枫林若醉，倾入池中，红泛碧波，引人遐想，得借景之妙。

园之东部多院落，楼堂错落，廊庑回缭，峰石水池，间列其前，游人至此，莫知所至。揖峰轩、五峰仙馆、林泉耆硕之馆、冠云楼等参差组合，各自成区，而又互通消息，实中寓虚，其运用墙之分隔，窗之空透，使变化多端，而风清月朗，花影栏杆，良宵更为宜人。

中部之水，东部之屋，西部之山，各有主体，各具特征，而皆有节奏韵律，人能得之者变化而已。而"园必隔，水必曲"之理，于此园最能体现。

《扬州园林》总论

　　扬州是一个历史悠久的古城，很早以前就多次出现繁华景象，成为我国经济最为富裕的地方；由于其物质基础的丰厚，从而为扬州文化艺术的发展创造了有利的条件。表现在园林与住宅方面，也有其独特的成就和风格。试从历史的发展来看，公元前486年周敬王三十四年，吴王夫差在扬州筑邗江城，并开凿河道，东北通射阳湖，西北至米口入淮，用以运粮。这是扬州建城的开始和"邗沟"得名的由来。扬州由于地处江淮要冲，自东汉后便成为我国东南地区的政治军事重地之一。从经济条件来说，鱼、盐、工农业等各种生产事业都很发达，同时又是全国粮食、盐、铁等的主要集散地之一；隋唐以后更是我国对外文化联络和对外贸易的主要港埠。这些都奠定了扬州趋向繁荣的物质基础。

隋唐时代的扬州，是极其重要而富庶的地方。从隋文帝（杨坚）统一南北以后，江淮的富源得到了繁荣的机会，扬州位于江淮的中心，自然也就很快地兴盛起来。其后隋炀帝（杨广）恣意寻欢作乐来到扬州，又大兴土木，建造离宫别馆。虽然这时的扬州开始呈现了空前的繁荣，却不能使扬州的富庶得到真正的发展。但是隋炀帝时所开凿的运河，则又使扬州成为掌握南北水路交通的枢纽，为以后的经济繁荣提供了有利的条件。在建筑技术上，由于统治阶级派遣来的北方匠师，与江南原有的匠师在技术上得到了交流与融合，更大大地推进了日后扬州建筑的发展。唐朝的诗人杜牧曾用"谁知竹西路，歌吹是扬州"的诗句，来歌咏扬州的繁荣。

早在南北朝时期（420—589 年），宋人徐湛之在平山堂下建有风亭、月观、吹台、琴室等。到唐朝贞观年间（627—649 年），有裴谌的樱桃园，已具有"楼台重复、花木鲜秀"的境界，而郝氏园还要超过它。但唐末都受到了破坏。宋时有郡圃、丽芳园、壶春园、万花园等，多水木之胜。金军南下，扬州受到较大的破坏。正如南宋姜夔于淳熙三年（1176 年）《扬州慢》词所诵："自胡马窥江去后，废池乔木，犹厌言兵。渐黄昏，清角吹寒，都在空城。"同时，宋金时期，运河已经阻塞。至元初漕运不得不改换海道，扬州的经济就不如过去繁荣了。元代仅有平野轩、崔伯亨园等二三例记载。明代初叶，运河经过整修，又成为南北交通的动脉，扬州也重新成了两淮区域盐的集散地；

明中叶后，由于资本主义经济的萌芽，城市更趋繁荣，除盐业以外，其他的商业与手工业也都获得了发展；到十七八世纪的清代，扬州的经济在表面上可说是到了最繁荣的时期。这种繁荣实际上是封建统治阶级穷奢极侈、腐化堕落、消极颓唐、享乐寻欢的具体表现；而扬州的劳动人民，却以他们的勤劳与智慧，创造了独特的园林建筑艺术，为我国古代文化遗产作出了一定的贡献。

明代中叶以后，扬州的商人以徽商居多，其后赣（江西）商、湖广（湖南湖北）商、粤（广东）商等亦接踵而来。他们与本地商人共同经营了商业，所获得的大量资金，并没有积累起来从事再生产。除了花费在奢侈的生活之外，又大规模地建筑园林和住宅。由于水路交通的便利，随着徽商的到来，又来了徽州的建筑匠师，使徽州的建筑手法融合在扬州建筑艺术之中。各地的建筑材料，及附近香山（苏州香山）匠师，更由于舟运畅通源源到达扬州，使扬州建筑艺术更为增色。在园林方面如明万历年间（1573—1619 年）太守吴秀所筑的"梅花岭"，叠石为山，周以亭台；明末郑氏兄弟（元嗣、元勋、元化、侠如）的四处大园林——影园（元勋）、休园（侠如）、嘉树园（元嗣）、五亩之园（元化），不论在园的面积上及造园艺术上都很突出。影园是著名造园家吴江计成的作品，园主郑元勋因受匠师的熏陶亦粗解造园之术。这时的士大夫就是那样"寄情"于山水，而匠师们却在地处平原的扬州叠石凿池，以有限的空间构成无限的景色，建造了那"宛自天开"的园林。这些给后来清乾隆时期（1736—1795年）的大规模兴建园林，在技术上奠定了基础。清兵南下，这些建筑受到了极大的破坏。目前，只有从现存的几处楠木大厅尚能看到当时建筑手法的片断。

清初，统治阶级在扬州建有王洗马园、卞园、员园、贺园、冶春园、南园、郑御史园、筱园，号称八大名园。乾隆时因高宗（弘历）屡次"南巡"，为了满足尽情享乐的欲望，便大事建筑亭、台、阁、园①。扬州的绅商们想争宠于皇室，达到升官发财的目的，也大事修建园林。自瘦西湖至平山堂一带。更是"两堤花柳全依水，一路楼台直到山"。有二十四景之称，并著称于世。所以，李斗《扬州画舫录》卷六中引刘大观言："杭州以湖山胜，苏州以市肆胜，扬州以园林胜，三者鼎胜，不可轩轻，淘至论也。"清朝的统治阶级正利用这种"南巡"的机会进行搜刮，美其名为"报效"：商人也在盐中"加价"，继而又

---

① 《水窗春呓》卷下淮扬胜地条："扬州园林之胜，甲于天下，由于乾隆六次南巡，各盐商穷极物力以供宸赏，计自北门抵平山，两岸数十里楼台相接，无一处重复，其尤妙者在虹桥迤西一转，小金山蠹其南，五顶桥锁其中，而白塔一区雄伟古朴，往往夕阳返照萧鼓灯船，如入汉官图画，盖皆以重资广延名士为之创稿，一一布置使然也。城内之园数十，最旷逸者断推康山草堂，而尉氏之园，湖石亦最胜，闻移植时费二十余万金。其华丽缜密者为张氏观察所居，俗称谓张大麻子是也。张以一寒士五十外始补通州运判，十年而拥资百万，其缺固优，凡盐商巨案皆令其承审，居闲说合，取之如携，后已捐升道员分发甘肃；蒋相国为两江，委其署理运司，为言官所纠，罢去，蒋亦由此降调，张之为人盖亦世俗所谓非常能员耳。余于戊戌（道光十八年，1838年）赘婚于扬，曾往其园一游，未几即毁于火，犹幸眼福之未差也。园广数十亩，中有三层楼可瞰大江，凡赏梅赏荷赏桂赏菊皆各有专地。演剧宴客上下数级如大内式。另有套房三十余间，回环曲折不知所向。金玉锦绣四壁皆满，禽鱼尤多。……"

"加耗"；皇帝还从中取利，在盐中提成，名"提引"；皇帝又发官款借给商人，生息取利，称为"帑利"，日久以后。"官盐"价格日高，商人对盐民的剥削日益加重，而广大人民的吃盐也更加困难。封建的官商，凭着搜刮剥削得来的资金，不惜任意挥霍。争建大型园林与住宅，做了控制它命运的主人。封建社会的统治阶级与豪绅富贾，以这种动机和企图来对待劳动人民所造成的园林作品，自然使这些园林蕴藏着难以久长的因素。这时期的园林兴造之风，正如《扬州画舫录》谢溶生序文中说："增假山而作陇，家家住青翠城闉；开止水以为渠，处处是烟波楼阁。"流风所及，形成了一种普遍造园的风气。因此除瘦西湖上的园林外，如天宁寺的"行宫御花园"，法净寺的东西园，盐运署的题襟馆，湖南会馆的隶园，以及九峰园、乔氏东园、秦氏意园、小玲珑山馆等，都很著名。其他如祠堂、书院、会馆，下至餐馆、妓院、浴室等，也都模拟迭石引水，栽花种竹了。这种庭院内略加点缀的风气似乎已成为建筑中不可缺少的部分。

从整个社会来看，乾隆以后，清朝的统治开始动摇，同时中国 2000 年的长期封建社会，也走向下坡，清帝就不敢再"南巡"了。国内的阶级矛盾与民族矛盾，正酝酿着大规模的斗争，西方资本主义的浪潮日益紧逼，从而动摇了封建社会的基础。到嘉庆时，扬州盐商日渐衰落；鸦片战争后，继以《江宁条约》五口通商，津浦铁路筑成，同时海上交通又日趋发达，扬州在经济、交通上便失去了其原有的地位。早在道光十四年（1834年），阮元作《扬州画舫录跋》，道光十九年（1839年）又作

《后跋》，历述他所看见的衰败现象，已到了"楼台荒废难留客；林木飘零不禁樵"的地步①②。比太平天国军于1853年攻克扬州还早19年。由此可见过去的许多记载，把瘦西湖一带园林毁坏的责任硬加于农民军身上，显然是错误的。咸丰同治以后，扬州已呈时兴时衰的"回光返照"状态，所谓"繁荣"只是靠镇

---

① 《水窗春呓》卷下广陵名胜条："扬州则全以园林亭榭擅长，虽皆由人工，而匠心灵构。城北七八里夹岸楼舫，无一同者，非乾隆六十年物力人才所萃未易办也。嘉庆一朝二十五年已渐颓废。余于己卯（嘉庆二十四年，1819年）、庚辰（嘉庆二十五年，1820年）间侍母南归，犹及见大小虹园，华丽曲折，疑游蓬岛，计全局尚存十之五六，比戊戌（道光十八年，1838年）赘姻于邗，已逾二十年，荒田茂草已多，然天宁门外之梅花岭东园、城闉清梵、小秦淮、虹桥、桃花庵、小金山、云山阁、尺五楼、平山堂皆尚完好，五六七诸月游人消夏画船箫鼓，送夕阳、醉新月，歌声遏云、花气如雾，风景尚可肩随苏杭也……"

② 《龚自珍全集第三辑》：己亥（道光十九年，1839年）六月重过扬州记："居礼曹，客有过者曰：卿知今日之扬州乎？读鲍照芜城赋，则过之矣，余悲其言。……扬州三十里首尾屈折高下见。晓雨沐屋，瓦鳞鳞然，无零甃断甓，心已疑礼曹过客言不实矣。……客有请吊蜀冈者，舟甚捷……舟人时时指两岸曰某园故址也，某家酒肆故址也，约八九处，其实独倚虹园圮无存。曩所信宿之西园，门在，题榜在，尚可识，其可登，临者尚八九处，阜有桂，水有芙蕖菱芡，是居扬州城外西北隅，最高秀。"从周案龚氏匆匆过扬州，所见甚略，文虽如是，难掩荒败之景。

钱泳《履园丛话》卷二十平山堂条："扬州之平山堂，余于乾隆五十二年（1787年）秋始到，其时九峰园、倚虹园、西园曲水、小金山、尺五楼诸处。自天宁门起，直到淮南第一观，楼台掩映，朱碧新鲜，宛入赵千里仙山楼阁。今隔三十余年，几成瓦砾场，非复旧时光景矣……"

魏源集中有记扬州园林盛衰之诗。《扬州画舫曲十三首之一》："旧日鱼龙识翠华，池边下鹄树藏鸦；离宫卅六荒凉尽，不是僧房不见花。（凡名园皆为园丁拆卖，惟属僧管之桃花庵、小金山、平山堂三处，至今尚存）。"《江南吟》注云："平山堂行宫属园丁者，皆拆卖无存，惟僧管三处如故。"故有"岂独平山僧庵胜园隶"句。魏氏于清道光十五年（1835年）买宅于扬州新城，甃石栽花，养鱼饲鹤，名曰"絮园"，其时尚在太平天国战争之前。

压太平天国起家的官僚富商，在苟延残喘的清朝统治政权的末期，粉饰太平而已。民国以后，由于"盐票"的取消，盐商无利可图，坐吃山空，因而都以拆屋售料，拆山售石为生。园林与大型住宅渐趋破坏。

扬州位于我国南北之间，在建筑上有其独特的成就与风格，是研究我国传统建筑的一个重要地区。很明显，扬州的建筑是北方"官式"建筑与江南民间建筑两者之间的一种介体。这与清帝"南巡"，四商杂处，交通畅达等有关，但主要的还是匠师技术的交流。清道光间钱泳的《履园丛话》卷十二载："造屋之工，当以扬州为第一。如作文之有变换，无雷同，虽数间之筑，必使门窗轩豁，曲折得宜……盖厅堂要整齐，如台阁气象；书斋密室要参差，如园亭布置，兼而有之，方称妙手。"在装修方面，也同样考究，据同书卷十二载："周制之法，惟扬州有之。明末有周姓者，始创此法，故名周制。"北京圆明园的重要装修，就是采用"周制"之法。由扬州"贡"去的。（从周案：据友人王世襄说："所谓'周制'，当指周翥所制的漆器，见谢堃《金玉琐碎》。……故钱泳说：'明末有周姓者，始创此法。'不可信。"）其他名匠谷丽成、成烈等，都精于宫室装修。姚蔚池、史松乔、文起、徐履安、黄晟、黄履暹兄弟（履昊、履昂）等，对于建筑及布置方面都有不同的造诣。又据《扬州画舫录》卷二记载："扬州以名园胜，名园以叠石胜。"在叠石方面，名手辈出，明清两代有叠影园山的计成。叠万石园、片石山房的石涛，叠白沙翠竹与江村石壁的张涟，叠怡性堂宣石山的仇好石，叠九狮山的董道士，叠秦氏小盘古的戈裕良，以及王天于〔从周按：朱江同志据扬州博物馆藏王氏遗嘱应作王庭余，殁于道光十年（1830 年），寿八十。〕、张国泰等。晚近有选萃园、怡庐、匏庐、蔚圃和冶春等的余继之。他们有的是当地人，有的是客居扬州的，在叠山技术方面，他们互相交流，互相推敲，都各具有独特的造诣，在扬州留下了不少的艺术作品，使我国叠山艺术得到了进一步的提高。

关于扬州园林及建筑的记述，除通志、府志、县志记载外，尚有清乾隆间的《南巡盛典》《江南胜迹》《行宫图说》《名胜园亭图说》、程梦星《扬州名园记》《平山堂小志》、汪应庚《平山堂志》。赵之壁《平山堂图志》、李斗《扬州画舫录》，以及稍后的阮中《扬州名胜图记》、钱泳《履园丛话》、道光间骆在田《扬州名胜图》，和晚近王振世《扬州览胜录》、董玉书《芜城怀旧录》等，而尤以《扬州画舫录》记载最为翔实，其中《工段营造录》一卷，取材于《大清工部工程做法则例》与《圆明园则例》，旁征博引，有历来谈营造所不及之处。

扬州位于长江下游北岸，与镇江隔江对峙，南濒大江，北负蜀冈，西有扫垢山，东沿运河，就地势而论，较为平坦，西北略高而东南稍低。土壤大体可分两类：西北山丘地区属含钙的黏土；东南为冲积平原，地属砂积土；地面上则多瓦砾层。扬州气候属北温带，为亚热带的渐变地区。夏季最高平均温度在 30℃左右，冬季最低平均温度在 1℃~2℃。因为离海很近，夏季有海洋风，所以较为凉爽，冬季则略寒冷。土壤冻结深度一般为 10~15 厘米。年降雨量一般都在 1000 毫米以上。属季候风区域，夏季多东风，冬季多东北风。常年的主导风向为东北风。在台风季节，还受到一定的台风影响。

扬州的自然环境。既具有平坦的地势、温和的气候、充沛的雨量以及较好的土质，有利于劳动生产与生活；又地处交通的中心，商业发达，因此历来便成为繁荣的所在，促进了建筑的发展。不过在这样的自然条件下。以建筑材料而论，扬州仍然是缺乏木材与石料的，因此大都是仰给于外地。在官僚富商的住宅与园林中，更出现了珍贵的建筑材料，如楠木、紫檀、红木、花梨、银杏、大理石、高资石、太湖石、灵璧石、宣石等。

当时扬州园林与住宅的分布，比较集中在城区，而最大的建筑又多在新城部分。按其发展情况，过去旧城居住者为士大夫与一般市民，而新城则多盐商。清中叶前，盐商多萃集在东关街一带，如小玲珑山馆、寿芝园（个园前身）、百尺梧桐阁、约园与后来的逸圃等；较晚的有地官第的汪氏小苑、紫气东来巷的沧州别墅等，亦与此相邻。同时又渐渐扩展到花园巷南河下一带。如秋声馆、随月读书楼、片石山房、棣园、小盘谷、寄啸山庄等。这些园林与住宅的四周都筑有高墙，外观多半与江南的城市面貌相似。旧城部分建筑，一般较低小，但坊巷排列却很整齐，还保留了苏北地区朴素的地方风格。这是与居住者的经济基础分不开的。较好的居住区，总是在水陆交通便利之处，接近盐运署和商业地区。

目前，扬州城区还保存得比较完整的园林，大小尚有 30 处，具有典型性的，要推片石山房、个园、寄啸山庄、小盘谷、逸圃、余园、怡庐和蔚圃等。住宅为数尚多，如卢宅、汪宅、赵宅、魏宅等皆为不同类型的代表。

片石山房一名双槐园，在新城花园巷何芷舠宅内，初系吴家龙的别业，后属吴辉谟①。今尚存假山一丘，相传为石涛手笔，誉为石涛叠山的"人间孤本"。假山南向，从平面看来是一座横长形的倚墙山，西首以今存气势来看，应为主峰，迎风耸翠，奇峭迎人，俯临着水池。人们从飞梁（用一块石造成的桥）经过石磴，有腊梅一株，枝叶扶苏。曲折地沿着石壁可登临峰顶，峰下筑正方形的石室（用砖砌）两间，所谓片石山房就是指此石室说的。向东山石蜿蜒，下面筑有石洞，很是幽深，运石浑成，仿佛天然形成。可惜洞西的假山已倾倒，山上的建筑物也不存在，无法看到它的原来全貌了。这种布局的手法，大

① 清嘉庆《江都县续志》卷五："片石山房在花园巷，吴家龙辟，中有池，屈曲流前为水榭，湖石三面环列，其最高者特立耸秀，一罗汉松踞其巅，几盈抱矣，今废。"

清光绪《江都县续志》卷十二："片石山房，在花园巷，一名双槐园，县人吴家龙别业，今粤人吴辉谟修葺之。园以湖石胜，石为狮九，有玲珑夭矫之概。"

续纂光绪《扬州府志》卷五："片石山房在徐宁门街花园巷，一名双槐园，旧为邑人吴家龙别业，池侧嵌太湖石。作九狮图，夭矫玲珑，具有胜概，今属吴辉谟居焉。"

《花间花语》："片石山楼为廉使吴之黼字竹屏别业，山石乃牧山僧所位置，有听雨轩、瓶榻斋、蝴蝶厅、梅楼、水榭诸景，今废，只有听雨轩、水榭为双槐茶园。"书刊于嘉庆庚辰（1820 年）为时较晚，作者留扬时间甚短，似出误传。

体上还继承了明代叠山的惯例，不过重点突出。使主峰与山洞都更为显著罢了。全局的主次分明，虽然地形不大，布置却很自然，疏密适当，片石峥嵘，很符合片石山房的这个名字的含义。扬州叠山以运用小料见长，石涛曾经叠过万石园，想来便是运用高度的技巧，将小石拼镶而成。在堆叠片石山房之前，石涛对石材同样进行了周密的选择。以石块的大小，石纹的横直，分别组合模拟成真山形状；还采用了他画论上的"峰与皱合，皱自峰生"（见石涛《苦瓜和尚论画录》）的道理，叠成"一峰突起，连冈断堑，变幻顷刻，似续不续"（见石涛《苦瓜小景》题辞）的章法。因此虽高峰深洞，却一点没有人工斧凿痕迹，显出皱法的统一，全局紧凑，虚实对比有方。按《履园丛话》卷二十："扬州新城花园巷，又有片石山房者。二厅之后，湫以方池，池上有太湖石山子一座，高五六丈，甚奇峭，相传为石涛和尚手笔。其地系吴氏旧宅。后为一媒婆所得，以开面馆，兼为卖戏之所，改造大厅房，仿佛京师前门外戏园式样，俗不可耐。"据以上的记载与志书所记，地址是相符合的，两厅今尚存一座，面阔三间的楠木厅，它的建筑年代当在乾隆年间。山旁还存有走马楼（串楼），池虽被填没，可是根据湖石驳岸的范围考寻，尚能想象到旧时水面的情况。假山所用湖石，与记载亦能一致。山峰高出园墙，它的高度和书上记载的相若，顶部今已有颓倾。至于叠山之妙，独峰依云，秀映清池，确当得起"奇峭"二字。石壁、磴道、山洞，三者最是奇绝。石涛叠山的方法，给后世影响很大，而以乾嘉年间的戈裕良最为杰出，戈氏的叠山法，据《履园丛话》卷十二："……只将大小石钩带联络，如造环桥法，可以千年不坏，要如真山洞壑一般，然后方称能事。"苏州的环秀山庄、常熟的燕园，与已毁的扬州秦氏意园小盘谷是他叠的。前两处今都保存了这种钩带联络的做法。

个园在东关街，是清嘉庆、道光间盐商两淮商总黄应泰（至筠）所筑。应泰别号个园，园内又植竹万竿，所以题名个园。据刘凤诰所撰《个园记》："园系就寿芝园旧址重筑。"寿芝园原来叠石，相传为石涛所叠，但没有可靠的根据，或许因园中的黄石假山，气势有似安徽的黄山，石涛善画黄山景，就附会是他的作品了。个园原来范围较现存要大些。现今住宅部分经维修后，仅存留中路与东路，大门及门屋已毁，照壁上的砖刻很精工。住宅各三进。正路大厅明间（当中的一间），减去两根"平柱"，这样它的开间就敞大了，应该说是当时为了兼作观戏之用才这样处理的。每进厅旁，都有套房小院，各院中置不同形式的花坛，竹影花香，十分幽静。园林在住宅的背面，从"火巷"（屋边小弄）中进入；有一株老干紫藤，浓阴深郁，人们到此便能得到一种清心悦目的感觉。往前左转达复道廊（两层的游廊），迎面左右有两个花坛，满植修竹，竹间放置了参差的石笋，用一真一假的处理手法，象征着春日山林。竹后花墙正中开一月洞门，上面题额是"个园"。门内为桂花厅，前面栽植丛桂，后面凿池，北面沿墙建楼七间，山连廊接，木映花承，登楼可鸟瞰全园。池的西面原有二舫。名"鸳鸯"。与此隔水相对耸立着六角亭。亭倒映池中，清澈如画。楼西叠湖石假山，名"秋云"（黄石秋山对景，故云），秀木繁阴，有松如盖。山下池水流入洞谷，渡过曲桥，有洞如屋，曲折幽邃，苍健夭矫，能发挥湖石形态多变的特征。因为洞屋较宽畅，洞口上部山石外挑，而水复流入洞中，兼以石色青灰，在夏日更觉凉爽。此处原有"十二洞"之称。假山正面向阳，湖石石面变化又多，尤其在夏日的阳光与风雨中，所起的阴影变化，更是好看，予人有夏山多态的感觉。因此称它为"夏山"。山南今很空旷，过去当为植竹的地方，想来万竿摇碧，流水湾环，又另生一番境界。从湖石山的磴道引登山巅，转至七间楼，经楼、廊与复道可到东首的黄石大假山，山的主面向西，每当夕阳西下，一抹红霞，映照在黄石山上，不但山势显露，并且色彩倍觉醒目。而山的本身又拔地数丈，峻峭凌云，宛如一幅秋山图，是秋日登高的理想所在。它的设计手法与春景夏山同样利用不同的地位、朝向、材料与山的形态，达到各具特色的目的。山间有古柏出石隙中，使坚挺的形态与山势取得调和，苍绿的枝叶又与褐黄的山石造成对比，它与春景用竹，夏山用松，在植物的配置上，能从善于陪衬加深景色出发，是经过一番选择与推敲的。磴道置于洞中，洞顶钟乳垂垂（以黄石倒悬代替钟乳石），天光隐隐从石窦中透入，人们在洞中上下盘旋，造奇制胜，构成了立体交通，发挥了黄石叠山的效果。山中还有小院、石桥、石室等与前者的综合运用，这又是别具一格的设计方法，在他处园林中尚是未见。山顶有亭，人在亭中见群峰皆置脚下，北眺绿杨城郭、瘦西湖、平山堂及观音山诸景，一一招入园内。是造园家极巧妙的手法，称为"借景"。山南有一楼，上下皆可通山。楼旁有一厅，厅的结构是用硬山式（建筑物只前后两坡用屋顶，两侧用山墙）。悬姚正镛题"透风漏月"匾额。厅前堆白色雪石（宣石）假山，为冬日赏雪围炉的地方。因为要象征有雪意，将假山置于南面向北的墙下。看去有如积雪未消的样子。反之，如将雪石置于面阳的地方，则石中所含石英闪闪作光，就与雪意相违，这是叠雪石山时，不能不注意的事。墙东列洞，引隔墙春景入院，借用"大地回春"的意思。上山可通入园的复道廊，但此复道廊已不存。

个园以假山堆叠的精巧而出名，在建造时就有超出扬州其他园林之上的意图，故以石斗奇，采取分峰用石的手法，号称四季假山，为国内唯一孤例。虽然大流芳巷八咏园也有同样的处理，不过没有起峰。这种假山似乎概括了画家所谓："春山淡冶而如笑，夏山苍翠而如滴，秋山明净而如妆，冬山惨淡而如睡。"（见郭熙《林泉高致》）与"春山宜游，夏山宜看，秋山宜登，冬山宜居"（见戴熙《习苦斋题画》）的画理，实为扬州园林中最具地方特色的一景。

寄啸山庄在花园巷，今名何园。清光绪间官僚做道台的何芷舸所筑，为清代扬州大型园林的最后作品。由住宅可达园内，园后刁家巷另设一门，当时是为招待外客的出入口。住宅建筑除楠木厅外，都是洋房，楼横堂列，廊庑回缭，在平面布局上，尚具中国传统。从宅中最后进墙上的什锦空窗（砖框）中隐约地能见到园的一角。园中为大池，池北楼宽七楹，因主楼三间稍突，两侧楼平舒展伸，屋角又都起翘，有些像蝴蝶的形态，当地人叫作"蝴蝶厅"。楼旁连复道廊可绕全园，高低曲折，人行其间有随势凌空的感觉。而中部与东部又用此复道廊作为分隔，人们的视线通过上下壁间的漏窗，可互见两面景色，显得空灵深远。这是中国园林利用分隔扩大空间面积的手法之一。此园运用这一手法，较为自如而特出。池东筑水亭，四角卧波，为纳凉拍曲的地方。此戏亭利用水面的回音，增加音响效果；又利用回廊作为观剧的看台，不过在封建社会，女宾只能坐在宅内贴园的复道廊中，通过疏帘，从墙上的什锦空窗中观看。这种临水筑台，增强音响效果的手法，今天还可以酌予采取，而复道廊隔帘观剧的看台是要扬弃的。如用空窗作为引景、泄景，以加深园林层次与变化，当然还是一种有效的手法。所谓"景物锁难小牖通"便是形容这种境界。池西南角为假山，山后隐西轩，轩南的牡丹台，随着山势层叠起伏，看去十分自然，这种做法并不费事，而又平易近人，无矫揉造作之态，新建园林中似可推广。越山穿洞，洞幽山危，黄石山壁与湖石磴道，尚宛转多姿，虽用不同的石类，却能浑成一体。山东麓有一水洞，略具深意，唯一头与柱相交接，稍嫌考虑不周。山南崇楼三间，楼前峰峦嶙峋，经山道可以登楼，向东则转入住宅复道了。复道廊为叠落形（屋顶顺次作阶段高低），有游廊与复廊（一条廊中用墙分隔为二）两种形式，墙上开漏窗，巧妙地分隔成中东两部。漏窗以水磨砖对缝构成，面积很大，图案简洁，手法挺秀工整。廊东有四面厅，与三间轩相对置，院中碧梧倚峰，荫翳蔽日，阶下花街铺地（用鹅石子与碎砖瓦等拼花铺成的地面）与厅前砖砌栏凳。极为相称，形成一件成功的作品，它和漏窗一样，亦为别处所不及，是具有地方风格的一种艺术品。厅后的假山贴墙而筑，壁岩与磴道无率直之弊，假山体形不大，尚能含蓄寻味，尤其是小亭踞峰，旁倚粉墙之下，加之古木掩映，每当夕阳晚照，碎影满阶，发挥了中国园林就白粉墙为底所产生虚实的景色，虽然面积不大，但景物的变化万千，在小空间的院落中，还是一种可取的手法。山西北有磴道拾级可达楼层复道廊中的半月台，它与西部复道廊尽端楼层的旧有半月台，都是分别用来观看月升与月落的。在植物配置方面，厅前山间栽桂。花坛种牡丹、芍药，山麓植白皮松，阶前植梧桐，转角补芭蕉，均以群植为主，因此葱翠宜人，春时绚烂，夏日浓阴，秋季馥郁，冬令苍青，都有规律可循，就不同植物特性因地制宜而安排的。此园以开畅雄健见长，水石用来衬托建筑物，使山色水光与崇楼杰阁、复道修廊，相映成趣，虚实互见。又以厅堂为主，以复道廊与假山贯串分隔，上下脉络自存，形成立体交通，多层欣赏的园林。它的风景面则环水展开，而花墙分隔构成了深深不尽的景色；楼台花木，隐现其间。此园建造时期较晚，装修已多新材料与新纹样，又另辟园门可招待外客等。其格局较之过去的更为宏畅。使游者由静观的欣赏，渐趋动观的游览。而透迤衡直，阆爽深密，都曲具中国园林的特征。造园手法有一定程度的出新。

小盘谷在大树巷，清光绪二十年后官僚两江、两广总督周馥购自徐姓重修而成的。至民国初年复经一度修整。园在宅的东部，自大厅旁入月门。额名"小盘谷"，从笔意看来，似出陈鸿寿〔从周按：字曼生，杭州人西泠八家印人之一，生于清乾隆三十三年（1768 年），殁于道光二年（1822 年）〕之手。花厅三间面山作曲尺形，游者绕到厅后，忽见一池汪洋，豁然开朗。厅侧有水阁枕流，以游廊相接，它与隔岸山石，隐约花墙，形成一种中国园林中惯用的以建筑物与自然景物对比的手法。廊前有曲桥达对岸，桥尽入幽洞，洞很广，内置棋桌，利用穴窦采光。复临水辟门，人自此可循阶至池。洞左通步石（用石块置水中代桥）、崖道，导至后部花厅，厅前山尽头有磴道可上山。这里是一个很好的谷口，题为"水流云在"。山洞的处理既开敞又曲折多变化，应该说是构筑山洞中的好实例。右出洞转入小院，向上折入游廊，可登山巅。山上有亭名风亭，坐亭中可以顾盼东西两部的景色，今东部布置已毁，正在修复中。其入口门作桃形，额为"丛翠"。池北曲尺形厅，今改建。山拔地峥嵘，名九狮图山，峰高九米余，惜民国初年修缮时，略损原状。此园假山为扬州诸园中的上选作品。山石水池与建筑物皆集中处理，对比明显，用地紧凑。以建筑物与山石、山石与粉墙、山石与水池、前院与后园、幽深与开朗、高峻与低平等对比手法，形成一时难分的幻景。花墙间隔得非常灵活，山峦、石壁、步石、谷口等的叠置，正是危峰耸翠，苍岩临流，水石交融，浑然一片了。妙处在于运用"以少胜多"的艺术手法。

虽然园内没有崇楼与复道廊，但是幽曲多姿，浅画成图。廊屋皆不髹饰，以木材的本色出之。叠山的技术尤佳，足与苏州环秀山庄抗衡，显然出于名匠师之手，按清光绪《江都县续志》卷十二，记片石山房云："园以湖石胜。石为狮九。有玲珑夭矫之概。"（据友人耿鉴庭云："九狮石在池上亦有。积雪时九狮之状毕现，今毁。"）今从小盘谷假山章法分析，似以片石山房为蓝本，并参考其他佳作综合提高而成。又据《扬州画舫录》卷二云："淮安董道士叠九狮山，亦籍籍人口。"卷六又云："卷石洞天在城闉清梵之后……以旧制临水太湖石山，搜岩剔穴为九狮形，置之水中，上点桥亭，题之曰'卷石洞天'。"扬州博物馆藏李斗书九狮山条幅，盛谷跋语指为卷石洞天九狮山，但未言系董道士所叠。据旧园主周叔弢丈，及其侄煦良先生说，小盘谷的假山一向以九狮图山相沿称，由来已很久。想系定有所据，因此我认为当时九狮山在扬州必不只一处，而以卷石洞天为最出名，董道士以叠此类假山而著名，其后渐渐形成了一种风气。董道士是乾隆间人，今证以峰峦、洞曲、崖道、壁岩、步石、谷口等，皆这一时期的手法。而陈鸿寿所书一额，时间又距离不太远。姑且提出这个假设，即使不是董道士的原作。亦必模拟其手法而成。旧城南门堂子巷的秦氏意园小盘谷，系黄石堆叠的假山小品，乾隆以后所筑；出名匠师常州戈裕良之手，今不存。《履园丛话》卷十二载："近时有戈裕良者，常州人，其堆法尤胜于诸家。"据此，则戈氏时期略迟于董道士。从秦氏小盘谷遗迹来看，山石平淡蕴借，以"阴柔"出之，而此小盘谷则高险磅礴，似以"阳刚"制胜。这两位叠山名手同时做客扬州，那么，这两件艺术作品正是他们的颉颃之作，用以平分秋色了。

东关街个园的西首，有园名逸圃，为李姓的宰园。从大门入，迎面有月门，额书"逸圃"二字。左转为住宅。月门内有廊修直，在东墙叠山，委婉屈曲，壁岩森严，与墙顶之瓦花墙形成虚实对比。山旁筑牡丹台，花时若锦。山间北头的尽端，倚墙筑五边形半亭，亭下有碧潭，清澈可以照人。花厅三间南向，装修极精，外廊天花，皆施浅雕。厅后小轩三间，带东厢配以西廊，前置花木山石。轩背置小院，设门而常关，初看去与木壁无异。沿磴道可达复道廊，即由楼后转入隔园，园在住宅之后，以复道与山石相连，折向西北，有西向楼三间，面峰而筑。楼有盘梯可下，旁有紫藤一架，老干若虬，满阶散绿，增色不少。此园与苏州曲园相仿佛，都是利用曲尺形隙地加以布置的，但比曲园巧妙，形成上下错综，境界多变的效果。匠师们在设计此园时，利用"绝处逢生"的手法，造成了由小院转入隔园的效果，来一个似尽而未尽的布局。这种情况在过去扬州园林中并不少见，亦扬州园林特色之一。

怡庐是嵇家湾黄宅（银钱商黄益之宅）花厅的一部分，系余继之的作品。余工叠山，善艺花卉，小园点石尤为能手。怡庐花厅计二进。前进的前后皆列小院，院中东南两面筑廊，西面则点雪石一丘，荫以丛桂。厅后翼两厢，小院的花坛上配石笋修竹，枝叶纷披，人临其间有滴翠分绿的感觉。厅西隔花墙，自月门中入，有套房内院，它给外院造成了"庭院深深深几许"的景色，又因借景外院，而内院中便显得小中见大了。这是中国建筑中用分隔增大空间的手法，是在居住的院落中较好的例子。后厅亦三间，面对山石，其西亦置套房小院。从平面论，此小园无甚出人意料处，但建筑物与院落比例匀当，装修亦以横线条出之，使空间宽绰有余，而点石栽花，亦能恰到好处。至于大小院落的处理，又能发挥其密处见疏。静中生趣的优点。从这里可见绿化及空间组合对小型建筑的重要性了。

余园在广陵路，初名"陇西后圃"。清光绪间归盐商刘姓后，就旧园修筑而成，又名刘庄。因曾设怡大钱庄于此，一般称怡大花园。园位住宅之后，以院落分隔，前院南向为厅，其西缀以廊屋，墙下筑湖石花坛，有白皮松二株。厅后一院，西端多修竹，墙下叠黄石山，由磴道可登楼。东院有楼。北向筑，其下凿池叠山，而湖石壁岩，尤为这园精华的所在。

陈氏蔚圃在风箱巷。东南角入门，院中置假山，配以古藤老柏，很觉苍翠葱郁。假山仅墙下少许，然有洞可寻，有峰可赏，自北部厅中望去，景物森然。东西两面配游廊；西南角则建水榭，下映鱼池，多清新之感。这小院布置虽寥寥数事，却甚得体。

蔚圃旁有杨氏小筑，真可谓一角的小园，原属花厅书斋部分。入门为花厅两间，前列小院，点缀少量山石竹木，以花墙分隔，旁有斜廊，上达小阁，阁前山石间有水一泓，因地位过小，以鱼缸聚水，配合很觉相称。园主善兰艺，此小园平时以盆兰为主花，故不以绚丽花木而夺其芬芳。此处虽不足以园称，然园的格局具备，前后分隔得宜，咫尺的面积，能无局促之感，反觉多左右顾盼生景的妙处。

扬州园林的主人，以富商为多，他们除拥有盘剥得来的物质财富外，还捐得一个空头的官衔，以显耀其身份，因此，这些园林在设计的主导思想上与官僚地主的园林，有些不同。最特出的地方，便是一味追求豪华，借以炫富有、榜风雅。在清康熙、乾隆间，正如上述所说的，他们还期望能得到皇帝的"御赏"，以达到升官发财的目的，若干处还模拟一些皇家园林的手法。因此在园林的总面貌上，建筑物的尺度、材料的品类，都向高敞华丽方面追求，即以楼厅面阔而论，有多至七间的；其他楼层复道，巨峰名石，以及分峰用石的四季假山（个园、八咏园）和积土累石的"斗鸡台"（壶园有此），更因多数富商为安徽徽州府属人，间有模拟皖南山水者。建筑用的木材，佳者选用楠木，楼层铺方砖；地面除鹅石的"花街"外，院中有用大理石的；至于装修陈设的华丽等，都是反映了园主除享受所谓"诗情画意"的山水景色意图与暴露腐朽的生活方式外，还有为招待较多的宾客作为交际场所之意，因此它与苏州园林在同一的设计主导思想下，还多着这一层的原因。这种设计思想在大型的园林如个园、寄啸山庄等最容易见到。并且扬州的诗文与八怪的画派，在风格上亦比吴门派来得豪放深厚，这些多少给造园带来了一定的感染与提高。要研究扬州园林，无疑必须先弄清这些园主当时的物质力量与精神需要，根据主客观愿望，决定了其设计的要求与主导思想，因而影响了园林的意境与风格。

自然环境与材料的不同，对园林的风格是有一定影响的。扬州地势平坦，土壤干湿得宜，气候及雨量亦适中，兼有南北两地的长处。所以花木易于滋长，而芍药、牡丹尤为茂盛。这对豪华的园林来说，是最有利的条件。叠山所用的石材，又多利用盐船回载，近则取自江浙的镇江、高资、句容、苏州、宜兴、吴兴、武康等地，远则运自皖赣的徽州府属，宣城、灵璧、湖口等处，更有少量奇峰异石是罗致西南诸省的，因此石材的品种要比苏州所用为多。

中国园林的建造，总是利用"因地制宜"的原则，尤其在水网与山陵地带。可是扬州属江淮平原，水位不太高，土地亦坦旷，因此在规划园林时，与苏杭一带利用天然地形与景色就有所不同了。大型园林多数中部为池，厅堂又为一园的主体，两者必相配合，池旁筑山，点缀亭阁，周联复道，以花墙山石、树木为园林的间隔，造成有层次富变化的景色。这可以个园、寄啸山庄为代表。中小型园林则倚墙叠山石，下辟水池，适当地辅以游廊水榭，结构比较紧凑。片石山房、小盘谷都按这个原则配置成的。庭院还是根据住宅余地面积的多寡，或院落的大小，安排少许假山立峰，旁凿小鱼池、筑水榭或布置牡丹台、芍药圃，内容并不求多，便能给人以一种明净宜人的感觉。蔚圃与杨氏小筑即为其例。而逸圃却又利用狭长曲尺形隙地，构成了平面布局变化较多的一个突出的例子。总的说来，扬州园林在平面布局上较为平整，用动观与静观相结合。然其妙处在于立体交通，与多层观赏线，如复道廊、楼、阁以及假山的窦穴、洞曲、山房、石室，皆能上下沟通，自然变化多端了。但就水面与山石、建筑相互发挥作用来说，未能做到十分交融：驳岸多数似较平直，少曲折湾环，石矶石濑等几乎不见，则是美中不足的地方。但从片石山房、小盘谷及逸圃、个园"秋云"山麓来看，则尚多佳处。又有"旱园水做"的办法，如广陵路清道光间建的员姓二分明月楼（钱泳书额），将园的地面压低，其中四面厅则筑于较高的黄石基上，望之宛如置于岛上，园虽无水，而水自在意中。嘉定县秋霞圃其后部似亦有此意图，但未及扬州园林明显。我们聪明的匠师能在这种自然条件较为苛刻的情况下，达到中国艺术上的"意到笔不到"的表现水平是可贵的。扬州园林中的水面置桥，有梁式与步石两种，在处理方法上，梁式多数为曲桥，其佳例要推片石山房的利用石梁而作飞梁形的，古朴浑成，富有山林的气氛；步石则以小盘谷所采用的最为妥帖。这些曲桥总因水位过低，有时转折太僵硬，而缺少自然凌波的感觉。对园林桥来说，在建造时是应设法避免的。片石山房的飞梁形式即弥补了这些缺陷，而另辟蹊径了。

扬州园林素以"叠石胜"，在技术上，过去有很高的评价。因此今日所存的假山多数以石为主，仅已损毁的秦氏小盘谷似由土石间用的。因为扬州不产石，石料运自他地，来料较小，峰峦多用小石包镶，根据石形、石色、石纹、石理、石性等凑合成整体，中以条石（亦有用砖为骨架，早例推泰州乔园明构

假山）铁器支挑，加固嵌填后浑然成章。即使水池驳岸亦运用
这种办法。这样做人工花费很大，且日久石脱堕地，破坏原形。
即有极佳的作品，亦难长久保存，虽然如此，扬州叠山确有其
独特的成就。特出的作品以雄伟论，当推个园了。个园的黄石
山高约9米，湖石山高约6米，因规模宏大，难免有不够周到的
地方，但仍不失为上乘之作。以苍石"奇峭"论，要算片石山
房了，而小盘谷的曲折委婉，逸圃的婀娜多姿，都是佳构。棣
园的洞曲、中垂钟乳，为扬州园林罕见。其他如寄啸山庄的石
壁磴道，亦是较好的例子。在扬州园林的假山中最为突出的是
壁岩，其手法的自然逼真，用材的节省，空间的利用，似在苏
州之上，实得力于包镶之法。片石山房、小盘谷、寄啸山庄、
逸圃、余园等皆有妙作。颇疑此法明末自扬州开始，乾嘉间董
道士、戈裕良等人继承了计成、石涛诸人的遗规，并在此基础
上得到更大的发展。总之，这些假山，在不同程度上达到异形
之山，运不同之石，体现了石涛所谓"峰与皴合，皴自峰生"
的画理。以高峻雄厚，与苏州的明秀平远互相颉颃，南北各抒
所长。至于分峰用石及多石并用，亦兼补一种石材难以罗致之
弊。而以权宜之计另出新腔了。堆叠之法一般皆与苏南相同。
其佳者总循"水随山转，山因水活"一原则灵活应用。胶合材
料，明代用石灰加细砂和糯米汁，凝结后有时略带红色，常用
之于黄石山；清代的颜色发白，也有其中加草灰的，适宜用于
湖石山。片石山房用的便是后者。好的嵌缝是运用阴嵌的办法，
即见缝不见灰，用于黄石山能显出其壁石凹凸多态，仿佛自然

裂纹，湖石山采用此法，顿觉浑然一体了。不过要像这样的水平，其作品在全国范围内也较罕见。

在墙壁的处理上，现存的园林因为多数集中于城区，且是住宅的一部分，所以四周是磨砖砌的高墙，配合了砖刻门楼，外观很是修整平直。不过园林外墙上都加瓦花窗，墙面做工格外精细。它与苏南园林所给人以简陋的园外感觉不同（苏南园林皆地主官僚所有），是炫富斗财的方法之一。内墙与外墙相同，凡在需增加反射效果或需花影月色的地方，酌情粉白。园既围以高墙，当然无法眺望园外景色，除个园登黄石山可"借景"城北景物外，余则利用园内的对景，来增加园景的变化。寄啸山庄的什锦空窗，所构成的景色，真是宛如图画，其住宅与园林部分均利用空窗达到互相"借景"的效果。个园桂花厅前的月门亦收到引人入胜的效果。再从窗棂中所构成的景色，又有移步换影的感觉。在对比手法方面，基本与苏南园林相同，多数以建筑物与墙面山石作对比，运用了开朗、收敛、虚实、高下、远近、深浅、大小、疏密等手法，以小盘谷在这方面运用得最好。寄啸山庄设计能从大处着眼，予人以完整醒目的感觉。

扬州园林在建筑方面最显著的特色，便是利用楼层，大型园林固然如此，小型的如二分明月楼，也还用了七间的长楼。花厅的体形往往较大，复道的延伸又连续不断，因此虽安排了一些小轩水榭，适与此高大的建筑起了对比作用。它与苏州园林的"婉约轻盈"相较，颇有用铜琶铁板唱"大江东去"的气概。寄啸山庄循复道廊可绕园一周；个园盛兴时，情况亦差不多。至于借山登阁，穿洞入穴，上下纵横，游者往往至此迷途，此与苏州园林在平面上的"柳暗花明"境界，有异曲同工之妙。不能单以平面略为平整而判其高下。

扬州园林建筑物的外观，介于南北之间。而结构与细部的做法，亦兼抒两者之长。就单体建筑而论，台基早期用青石，后期用白石；踏跺用天然山石随意点缀，很觉自然。柱础有北方的"古镜"形式，同时也有南方的"石鼓"形式；柱则较为粗挺，其比例又介于南北两者之间。窗则多数用和合窗。栏杆亦较肥健。屋角起翘，虽大都用"嫩戗发戗"（由屋角的角梁前端竖立的一根小角梁来起翘），但比苏南来得低平。屋脊则用通花脊，比苏南的厚重。漏窗、地穴（门洞）工细挺拔，图案形式变化多端，轮廓完整，与苏南的柔和细腻不同。门额都用大理石或高资石，而少用砖刻，此又是与苏州显然不同的。建筑的细部手法简洁工整，在线脚与转角的地方，略具曲折，虽然总的看来比较直率，但刚中有柔，颇耐寻味。色彩方面，木料皆用本色，外墙不粉白，此固然由于当地气候比较干燥的缘故。但也多少存有以原材精工取胜的意图。其内部梁架皆圆料直材，制作得十分工致完整，间亦有用扁作的。翻轩（建筑物前部的卷棚）尤力求豪华。因为它处于显著的地位，所以格外突出一些。内部以方砖铺地，其间隔有罩与隔扇，材料有紫檀、红木、楠木、银杏、黄杨等，亦有雕漆嵌螺甸与嵌宝玉的或施纱隔的。室内家具陈设及屏联的制作，亦同样讲究。海梅（红木）所制的家具，与苏、广两地不同，手法和其他艺术一样，富有扬州"雅健"的风格。

建筑物在园林中的布置，存今日扬州所有的类型并不多，仅厅堂、楼、阁、亭、榭、舫、复道廊、游廊等，其组合似较苏南园林来得规则。楼常位于园的尽端最突出处，厅往往为一园之主体，有些厅加楼后，形成楼厅就必建在尽端了。其他舫榭临水，轩阁依山，亭有映水与踞山不同的处理。如因地形的限制，则建筑物可做一半，如半楼、半阁、半亭等。虽仅数例。亦发挥了随宜安排的原则，以及同中求异，异中见其规律的灵活善变的应用。廊亦同样不出这些原则方法，不过以环形路线为主，间有用作分隔的。形式有游廊、叠落廊、复廊、复道廊等。厅堂据《扬州画舫录》所载，名目颇多，处理别出心裁，今日常见的有四面厅、硬山厅、楼厅等。梁架多"回顶鳖壳"式（卷棚式的建筑，在屋顶部仍做成脊）。在材料方面，楠木与柏木厅最为名贵，前者为数尚多，后者今日已少见。园林铺地大部分用鹅子石花街，间有用冰裂纹石的。在建筑处理上值得注意的，便是内部的曲折多变，其间利用套房、楼、廊、小院、假山、石室等的组合，造成"迷境"的感觉。现存的逸圃，尚能见到，此亦扬州园林重要特征之一。

花木的栽植是园林中重要的组成部分，各地花木有其地方特色，因此反映在园林中亦有不同的风格。扬州花木因风土地理的关系，同一品种，其姿态容颜，也与南北两地有异。一般说来，枝干花朵，比较硕秀。在树木的配置上，以松、柏、梧、

西湖

　　西湖风景有开朗明净似镜的湖光，有深涧曲折、万竹夹道的山径，有临水的水阁湖楼，有倚山的山居岩舍，景物各因所处之地不同而异。

沈园

沈园在春波桥旁，现存小园一角，古木数株，在积土的小坡上，点缀一些黄石。山旁清池澄澈，环境至为幽静。

榆、枫、槐、银杏、女贞、梧桐、黄杨等为习见。苏南后期园林中杨柳几乎绝迹，然则在扬州园林中却常能见到，且更具有强烈的地方色彩，因为此地的杨柳，在外形上高劲，枝条疏修，颇多画意，下部的体形也不大，植于园中没有不调和的感觉。梧桐在扬州生长甚速，碧干笼阴，不论在园林或庭院中，都给人以清雅凉爽之感，与柳色各占春夏二季的风光。花树有桂、海棠、玉兰、山茶、石榴、紫藤、梅、腊梅、碧桃、木香、蔷薇、月季、杜鹃等。在厅轩堂前，多用桂、海棠、玉兰、紫薇诸品。其他如亭畔、榭旁的枫榆等则因地位的需要而栽植。乔木与花树同建筑的关系，在扬州园林中，前者作为遮阴之用，后者用作观赏之需，姿态与色香还是作为选择的最重要标准。在假山间，为了衬托山容苍古，酌植松柏，水边配置少许垂杨。至于芭蕉、竹、天竹等，不论用来点缀小院，补白大园，或在曲廊转处、墙阴檐角，或与腊梅、丛菊等组合，都能入画。书带草不论在山石边、树木根旁，以及阶前路旁，均给人以四季常青的好感，冬季初雪匀披，粉白若球，它与石隙中的秋海棠。都是园林绿化中不可缺少的小点缀。至于以书带草增假山生趣或掩饰假山堆叠的疵病处。真有山水画中点苔的妙处。芍药、牡丹更是家栽户植。《芍药谱》（《能改斋漫录》十五，芍药条引孔武仲芍药谱）载："扬州芍药，名于天下，非特以多为夸也。其敷腴盛大而纤丽巧密，皆他州所不及。"李白诗（《送孟浩然之广陵》）："烟花三月下扬州。"可以想见其盛况。因此，花坛药栏便在园林中占有显著的地位，其形式有以假山石叠的自然式，有用砖与白石砌的图案式，形状很多，皆匠心独运。春时繁花似锦，风光宛如洛城。树木的配合，仍运用了孤植与群植两种基本方法。群植中有用同一品种的，亦有用混合的树群布置；主要的还是从园林的大小与造景的意图出发，如小园宜孤植；但树的姿态须加选择，大园多群植；亦须注意假山的形态，地形的高低大小，做到有分有合，有密有疏。若假山不高，主要山顶便不可植树；为了衬托出山势的苍郁与高峻，非植于山阴略低之处不可，使峰出树梢之间，自然饶有山林之意了。此理不独植树如此，建亭亦然，而亭与树与山的关系，必高下远近得宜才是。山麓的水边有用横线条的卧松临水，亦不失为求得画面统一的好办法。山间垂藤萝，水面点荷花，亦皆以少出之，使意到景生即可。至于园内因日照关系有阴阳面的不同，在考虑种树时应注意其适应性，如山茶、桂、松、柏等皆宜植阴处，补竹则处处均能增加生意。

扬州盆景刚劲坚挺，能耐风霜，与苏杭不同，园艺家的剪扎功夫甚深，称之为"疙瘩""云片"及"弯"等，都是说明剪扎所成的各种姿态的特征，这些都是非短期内可以培养成的。松、柏、黄杨、菊花、山茶、杜鹃、梅、玳玳、茉莉、金橘、兰、蕙等都是盆景的好主题。又有山水盆景。分旱盆、水盆两种，咫尺山林，亦多别出心裁。棕碗菖蒲，根不着土，以水滋养，终年青葱，为他处所不常见。它如艺菊，扬州花匠师对此有独到之技。以这些来点缀园林。当然锦上添花了。园林山石间因乔木森严，不宜栽花，就要运用盆景来点缀。这种办法从宋代起即运用了，不但地面如此，即池中的荷花，亦莫不用盆荷入池的。因此谈中国园林的绿化。不能不考虑盆景。

按扬州画派的作品，以花卉为多，模写对象当然为习见的园林花木，经画家们的挥洒点染，都成了佳作，则扬州园林中的花木其影响可见。反之，画家对园林花木批红判白，以及剪裁、配置、构图等，对花木匠师亦起了一定的启发与促进。扬州产金鱼，天然禽鸟兼有南北品种，且善培养笼鸟，这些对园林都有所增色。

总之，造园有法而无式，变化万千，新意层出，园因景胜，景因园异，其妙处在于"因地制宜"，与相互"借景"，所谓"妙在因借"做到得体（"精在体宜"），始能别具一格。扬州园林综合了南北的特色，自成一格，雄伟中寓明秀，得雅健之致，借用文学上的一句话来说，真所谓"健笔写柔情"了。而堂庑廊亭的高敞挺拔，假山的沉厚苍古，花墙的玲珑透漏，更是别处所不及。至于树木的硕秀，花草的华滋，则又受自然条件的影响与经匠师们的加工而形成。假山的堆叠广泛地应用了多种石类，以小石拼镶的技术，以及分峰用石、旱园水做等因材致用、因地制宜的手法，对今日造园都有一定的借鉴作用。唯若干水池，似少变化，未能发挥水在园林中的弥漫之意，似少构成与山石建筑物等相互成趣的高度境界。一般庭院中，亦能栽花种竹，荫以乔木，配合花树，或架紫藤，罗置盆景片石，安排一些小景。这些都丰富了当时城市居民的文化生活；同时集腋成裘，又扩大了城市绿化的面积，是当地至今还相沿的一种传统。

扬州的住宅多与园林、庭院结合得很好，两者有分有合，不可孤立言之。

卢宅在康山街。清光绪间盐商江西卢绍绪所建，造价为纹银七万两。是今存扬州最大的住宅建筑。大门用水磨砖刻门楼，配以大照壁。入门北向为倒座（与南向正屋相对的房屋），经二门有厅二进，皆面阔七间，以当中三间为主厅，其旁两间为会客读书之处，内部用罩（用木制漏空花纹做成的分隔）及桶扇（落地长窗）间隔。院中以大漏窗与两旁的小院区分。小院中置湖石花台，配以树木，形成幽静的空间，与中部畅达的大厅不同。再入为楼厅二进，面阔亦七间，系主人居住之处。厅后二进面阔易为五间，系亲友临时留居的地方。东为厨房，今毁。宅后有园名"意园"。池在园东北，濒池建书斋及藏书楼二进，自成一区；池东原有旱船，今亦废。园南依墙建盝顶亭，有游廊导向北部。余地栽植乔木，以桂为主。这宅用材精选湖广杉木，皆不髹饰。装修皆用楠木，雕刻工细。虽建筑年代较迟，然屋宇高敞，规模宏大，是后期盐商所建豪华住宅的代表。

汪姓小苑（盐商汪伯屏宅）在地官第，民国间扩建，为今存扬州大住宅中最完整的一处。它分三路，各三进。东西花厅布置各别。东花厅入口用竹丝门，甚古朴。厅用柏木建造，内部置罩及桶扇，桶扇上嵌大理石，皆雕刻精工，作前后分隔之用。其南有倒座三间。院中置湖石山，有檐瀑，栽腊梅、琼花。

东有门，入内仅一小小余地，所谓明有实无，以达扩大空间的目的。西花厅以月门与小院相隔，院内中有假山一丘，面东置船轩，缀以游廊，下凿小池，轩下砌砖台，可置盆景，映水成趣。自厅中穿月门以望院中，花木扶疏，山石参差，宛如图画。宅北后园列东西两部，间以花墙月门。西部北建花厅六间，用罩分隔为二。厅西有书斋三间，缀五色玻璃，其前有廊横陈，两者之间，植紫薇二株，亭亭如盖，依稀掩映，内外相望有不尽之意。厅南叠假山为牡丹台。东部亦筑花台，似甚平淡，两部运用花墙间隔，人们的视线穿过漏窗月门望隔园景色，深幽清灵，发挥了很大的"借景"作用。这处当以住宅建筑占主要部分，而园则相辅而已，因面积不大，所以题为"小苑春深"。

赞化宫赵宅（布商赵海山宅），厅堂三进南向，门屋及厨房等附属建筑，皆建于墙外，花园亦与住宅以高墙隔离；但亦可由门屋直接入园，避免与住宅相互干扰。在建筑平面的分隔上来说，很是明晰。花园前部东向有书斋三间，以曲廊与后部分隔，后有宽敞的花厅两进，与住宅的规模很相称。

魏宅（盐商魏次庚宅）在永胜街，属中型住宅，大门西向，总体为不规则的平面。因此将东首划出长方形的地带作为住宅，西首不规则的余地辟为园林，主次很是鲜明，住宅连倒座计四进，皆面阔五间。它的布置特点：厅为三间带两厢，旁皆配套房小院，在当时作为居住之用，这类套房，处理得很是恰当，它与起居部分，实联而似分，互不干扰，尤其小院不论在采光通风与扩大室内外空间上皆得到较好效果。园前狭后宽，前部邻大门处有杂屋，后部划分作前后两区，前区筑四面厅名"吹台"，郑板桥书额为"歌吹古扬州"。配以山石玉兰青桐，面对东南角建有小阁。后区为前区的陪衬，又东西划为两部分，东部置旱船，旁辅小阁，花墙下叠黄石山，栽天竹黄杨，穿花墙外望，景色隐约，这园虽小，而置两大建筑物，尚能宽绰有余，是利用花墙划分得宜，互相得以因借之法，使空间层次增加。也是宅旁余地设计的一种方法。

仁丰里刘宅，宅不大，门东向，入内沿门屋筑西向屋一排，前有高墙，天井作狭长形，可避夏季炎阳与冬季烈风；而夏季因墙高地狭，门牖爽通，反觉受风较多。墙内南向厅三进，而末进除置套房外，更增密室（套房内的套房）。厅旁有花墙，过月门，内有花厅，置山石花木。整个建筑设计是灵活运用东向基地的一个例子。

大武城巷贾宅，清光绪间盐商贾颂平所有，大门东向，厅计两路，皆南向而建，而东部诸厅设计尤妙，每一厅皆有庭院，有栽花植竹为花坛，有凿池叠石为小景，再环以游廊，映以疏棂，多清新之意。宅西偏原有园林。今废。

仁丰里辛园，为周挹扶宅，大门东向，入内筑西向房屋一排，为扬州东向基地的惯用手法。南向的厅与东西两廊及倒座构成四合院。厅西花厅入口处建一半亭，对面为书斋，厅南以花墙间隔，其外尺余空地留作虚景，老桂树超出花墙之上，秋时满院飘香，人临其境，便体会到一种天香院落的境界（桂树必周以墙，香不散）。厅后西通月门，有额名"辛园"。园内中凿鱼池，有曲桥，旁建小亭。花厅装修以银杏木本色制成，未髹漆更是雅洁。厅前以白石拼合铺地，很是平整，此宅居住部分小，绿化范围大，平面上的变化比较多，是于过去宅主在扩建中，逐步形成的现象。

石牌楼黄氏汉庐，清道光间为金石书画家吴熙载的故居。大门北向，入门有院，其西首的"火巷"可达南向的四合院，院以正屋与侧座相对而建。院子作横长形，石版墁地。此为北向住宅的一例。

甘泉路匏庐，民国初年资本家卢殿虎建。门西向，入内南向筑大厅，其南端为花厅，厅北以黄石叠花坛，厅南以湖石叠山，殊葱郁，山右构水轩，蕉影拂窗，明静映波。极西门外，北端又有黄石一丘。越门可绕至厅后。宅的东部，有一片曲尺形地，以游廊花墙通贯，小池东南隅筑方亭，隔池尽端筑小轩三间，皆随廊可达，面积虽小，尚觉委婉紧凑。此宅是利用西门南向及不规则余地设计的一例。

丁家湾某宅，是扬州运用总门的住宅。总门内东西各有两宅，东宅有三合院，天井中以花墙分隔，形成前后两部分，而房屋面阔皆作两间，处理很灵活。西宅正屋二进皆三合院，面阔作三间，二进的三合院排列又非一致。此类住宅有因地制宜，分隔自由的好处。

牛背井二号某宅，为最小住宅的一例，南向，入门仅厅三间，由厢房倒座构成一个四合院。外附厨房。这种平面布局是扬州住宅的基本单元了。

扬州城由平行的新旧两城组合成今日的城区。运河绕城，小秦淮自北门流入，为新旧两城的分界。旧城南北又以汶河贯串，所以河道都是南北平行的，由于河道平直，道路及建筑物可以得到较规则的布局。其间主要干道为通东西南北的十字大街，与大街垂直的便是坊巷，这一点在旧城更为突出。巷名称头巷、二巷……九巷，和北京的头条胡同、二条胡同相似。新城因后期富商官僚的大住宅与若干商业建筑的发展，布局比旧城零乱，颇受江南城市风格的影响。新城的湾子街就不是垂直线，好像北京的斜街，是一条交通捷径。在这许多街道中掺杂了不少小巷，有的还是"死胡同"，因此看来似乎复杂，其实仍旧井然有序，脉络自存，过去大的巷口还建有拱门，当地称为"圈门"。它是南北街坊布置的介体，兼有南北城市街坊布置的特征。

住宅是按街巷的朝向布置，在处理上大体符合"因地制宜"的要求，较为灵活，而内部尤曲折多变。住宅主要位于通东西坊巷中，因此都能取得正南的朝向，或北门南向。通南北的坊巷中，亦有些住宅，因为要利用正南或偏南的朝向，于是产生了东门南向，或西门南向的住宅。又运用总门的办法，将若干中小型不同平面的住宅，利用一个总门，非常灵活地组合成一个整体，这样在坊巷中，它的外貌仍旧十分整齐，而内部却有许多变化，这是大中藏小、化零为整的巧办法。在封建社会，不但能满足聚族而居的生活方式和封建家族的治安防卫的需要，并且在市容整齐等方面也相应地带来了一定的好处。

扬州城区今日尚存的多为大中型住宅，这些住宅的特点，都配合着大小不等的园林和庭院，使居住区中包括了充裕的绿化地带，形成了安适的居住环境。

住宅平面一般是采用院落式，以面阔三间的厅堂为主体，更有面阔到五间的，即《工段营造录》所谓："如五间则两梢间设桶子或飞罩，今谓明三暗五。"也有四间、两间的，皆按地基面积而定。虽然也有面阔七间的，其实仍以三间为主，左右各加两间客厅，如康山街卢宅的厅堂。大中型住宅旁设弄名"火巷"，是女眷、仆从出入之处。如大型住宅有两路以上的"火巷"，又为宅内主要交通道。扬州的"火巷"比苏州"避弄"（俗称备弄，今据明代文震亨著《长物志》卷一）开朗修直，给居住者以明洁坦直的感觉，尤其以紫气东来巷龚姓沧州别墅的"火巷"最为广阔，当时可乘轿出入。厅堂除一进不连庑的"老人头"外，尚有两面连庑的"曲尺房"（由两面建筑物相连，平面形成曲尺形）、三面连庑的"三间两厢"（厅堂左右加厢的三合院）以及"四合头"（四合院）、"对合头"（两厅相对，又称对照厅）等。但是，"三间两厢"及"四合头"作走马楼的称"串楼"，厅堂的排列程序，前为大厅，后为内厅（女厅），即所谓"上房"（主人所住的地方），多作三间，《工段营造录》称"两房一堂"（两间房一间起居室），旁边大都置套房，还有再加密室的，如仁丰里刘宅还能见到。厅旁建圭形门、长八方形门，或月门通花厅或书房。墙外附厨房、杂屋及"下房"（仆从居住），使与主人的生活部分隔离。充分反映了封建社会的阶级差别。套房与密室数目的多少，要看建屋需要的曲折程度而定，越曲折则套房密室越多。《工段营造录》："……三间居多，五间则藏东西梢间于房中，谓之套房，即古密室，复室，连房，闺房之属。"在这类套房前面，皆设小院，置花坛，夏日清风徐来，凉爽宜人，入冬则朔风不到，温暖适居。在封闭性的扬州住宅中，采用这种办法还是切合当时实际的。书房小者一间、两间，大者兼作花厅，一般都是三间。其前必叠石凿池，点缀花木修竹；或置花坛、药栏等，形成一种极清静的环境。在东门南向或西门南向的住宅，门屋旁的房屋，则属账房、书塾及杂屋等次要房屋，这些屋前的天井狭长，仅避日照兼起通风的作用。大门北向的住宅，则以"火巷"为通道，导致前部进入南向的主屋。

扬州住宅的外观，在中型以上的住宅，都按居住者的地位设照壁，大者用八字照壁，次者用一字照壁，最次者在对户他宅的墙上，用壁面隐出方形照壁的形状，华丽的照壁贴水磨面砖，雕刻花纹，正中嵌"福"字，像个园的大门上者，制作精美。外墙以清水砖砌成，讲究的用磨砖对缝做法。门楼用砖砌，加砖刻。最华丽的作八字形，复加斗拱藻井，如东圈门壶园大门即是。一般亦有用平整的磨砖贴面，简洁明快。按扬州以八刻著世（砖刻、牙刻、木刻、石刻、竹刻、漆刻、玉刻、磁刻），砖刻即为其中之一。大门髹黑漆，刊红门对，下有门枕石，石刻丰富多彩，大小按居住者的地位而定。屋顶皆作两坡顶，屋脊较高，用漏空脊（屋脊以瓦叠成空花形）。这些与高低叠落的山墙相衬托，有时在外墙顶开一排瓦花窗，可隐约透出院中树梢与藤萝。这些自然形成一种整齐而又清新的外貌，给巷景增加了生趣。

入大门迎面为砖刻土地堂，倚壁而建，外形与真实建筑相似。它的雕刻和大门门楼的形式相协调，是内照壁中最令人注目的。虽同时起一定的装饰作用，但总是封建迷信的产物，理应扬弃。门屋院内以砖或石墁地。二门与大门的形制相类似。厅堂高敞轩豁，一般用质量很高的本色杉木，而大住宅的厅堂又有用楠木、柏木，《工段营造录》载有用桫椤的。木材加工有外施水磨的，更是柔和圆润了。这种存素去华的大木构架，与清水砖墙的格调一致。厅堂外檐施翻轩，明间用桶扇，次间和厢房用和合窗。后期的建筑，则有改用槛窗的，在内厅与花厅，明间的桶扇只居中用两扇，两旁仍旧用和合窗。楼厅的槛窗，其槛墙改用栏杆，则内装活动的木榻板，在炎热季节可以卸除，以便通风，在分隔上，内院往往以花墙来区分，用地穴（门洞）贯通，地穴有门可开启。

院落的大小与建筑物高度的比例一般为 1∶1，在扬州地区能有充分的日照。夏日上加凉棚，前后门牖洞开，清风自引。从地穴中来的兜风，更是凉爽。到冬季将地穴门关闭，阳光满阶，不觉有严寒袭人了。这些花墙与重重的门户，却增加了庭院空间感与深度，有小宅不见其狭，大宅不觉其旷的好处，在解决功能的前提下，同时又扩大了艺术效果。大厅的院子用横长形，有的配上两厢或两廊，使主体突出。内厅都带两厢，院子形成方形，房屋进深一般比苏南浅，北面甚至有不设窗牖的，因夏季较凉爽，冬季在室内需要较多的日照的缘故。

室内的空间处理，主要希望达到有分有合，曲折有度，使用灵活，人处其间觉含蓄不尽的设计意图。因此在花厅中，必用罩或桶扇，划成似分非分、可大可小的空间，既有主次，又有变化。如仁丰里辛园、地官第小苑中皆可见到。厅室前面的翻轩，在进深较大的建筑中有用二卷（两个翻轩）的，如康山街卢宅。内室与套房有主副之别，似合又分，又内室往往连厢房，而以罩或桶扇分间，罩以圆光罩（罩作圆形的）为多，有的还施纱槅（罩的花纹中夹纱），雕刻多数精美。书房中亦可自由划分，应用上均较灵活。厅堂皆露明造（不用天花），亦不施草架（用两层屋顶），居住房屋有酌用天花的。花厅内部亦有作轩顶（卷棚）。房屋内都墁方砖，砖下四角置覆钵的"空铺"法（见《长物志》卷一），垫黄沙，磨砖对缝，既平且无潮湿之患。卧室内冬天上置木地屏（方形木制装脚的活动地板）保暖，并且同时亦减低了室内空间的净高。有些质量高的楼厅，二层亦墁砖，更有再加上地屏的，能使履步无声，与明代《长物志》卷一上所说办法"与平屋无异"相符合。这些当然只会在高级的住宅中出现了。一般近期的住宅，则皆用地板了。

内外墙都用砖实砌，在质量高的住宅中用清水砖，经济的住宅则用灰泥拼砌大小不等的杂砖，外表也很整齐。在外墙的转角，当一人高的地位，为了便利交通用抹角砌。廊壁部分刷白，内壁用木护壁，其余仍保存砖的本色。天井铺地通常用砖石铺，砖铺有方砖、条砖平铺，及条砖仄铺的。石铺则用石版与冰裂纹铺，更有用大方块大理石、高资石拼铺的。柱础用"古镜"式。在明代及清代早期的建筑中还沿用了"硕"形石础，大住宅皆用"石鼓"，或再置垫"覆盆"础石，取材用高资石兼有大理石的。

柱都为直柱。明代住宅的柱顶，尚存"卷杀"（曲钱）的手法，比例肥硕。柱径与柱高的比例约为 1：9，如大东门毛宅大厅的。现在一般见到的比例在 1：10～1：16。柱的排列，与《工段营造录》所说"厅堂无中柱，住屋有中柱"一致。大厅明间有用通长额枋，而减去平柱两根的，此为便利观剧不阻碍视线。梁架做法可分为三种：一是苏南的扁作做法；二是圆料直材，在扬州最为普遍；三是介于直梁与月梁（略作弯形的梁）间的介体，将直梁的两端略作"卷杀"，下刻弧线，此种做法看来似受徽式建筑的影响。这三种做法中以第二种足以代表扬州的风格。尚有北河下吴宅，建筑系出宁波匠师之手，应当是孤例了。圆料的梁架，用材挺健，而接头处的卯榫，砍杀尤精，很是准确。一般厅堂，主要梁架在前后柱间施五架梁，上置蜀柱，再安三架梁与脊瓜柱。不过檩下不施枋及垫板，与《工段营造录》所示不符，当为苏北地方做法，从结构上来说，似有不够周到的地方。花厅有用六架卷棚的，其山墙作圆形叠落式。豪华的厅堂有改为方柱方梁的，系《工段营造录》所谓方厅之制，翻轩一般为海棠轩（椽子弯作海棠形）与菱角轩（椽子弯作菱角状），但多变例。此外，鹤颈轩（椽子弯如鹤颈）也有见到，总的以船篷轩为多，草架只偶有用在翻轩之上。

栏杆的比例一般较高，花纹常用拐子纹，四周起凸形线脚。檐下挂落也很简洁，都与整个建筑物立面保持协调。屋顶在望砖上阪瓦，其瓦饰有勾头滴水等；勾头的下部较长，滴水的上部加高，形式渐趋厚重。

扬州城区住宅的给水问题，除小秦淮与汶河一带有河水可应用外，住宅内皆有水井，少者一口，多者几口，其位置有在院子中、厨房前、园中或"火巷"内，更有掘在屋内的暗井（无井阑）。坊巷中的公共用井随处可见。凡在井的边墙，必砌发券（杭绍一带用竖立石版），以免墙身下陷，也是他处所罕见的。井水除洗涤及供作饮料外，必要时还可作消防用水，此外住宅内还置有积储檐漏供食用的天落水缸。它与供消防用的储水缸并备。每宅院子中有阴井，在大门外有总的下水道。至于池中置鱼缸，则是供金鱼栖息度冬用的。

扬州住宅建筑在外观上是修整挺健的，对城市面貌起到一定的影响，这许多井然有序的居住区，在我国旧城市中还是较少有的。它的优点是明洁宁静，大中寓小，分合自如。在空间处理上注意院落分隔与宽狭的组合，以及日照与通风的合理解决。建筑物不论大小，都配置恰当，比例匀整，用地面积亦称经济，达到居之者适，观之者畅的目的。在平面处理上能"因地制宜"巧于安排，不论何种朝向的地形，皆能得到南向；不论何种大小的地形，皆能有较好的空间组合，并解决了功能上的需要。而建筑手法，介于南北两地之间，以工整见长。这些都是扬州住宅的特征。

扬州的园林与住宅在我国建筑史上有其重要的价值，尤其是古代劳动人民在园林建筑方面的成就，可供现代园林建筑借鉴。

1961 年 8 月初稿

1977 年 11 月修订

瘦西湖漫谈

扬州瘦西湖由几条河流组织成一个狭长的水面，其中点缀一些岛屿，夹岸柳色，柔条千缕。在最阔的湖面上，五亭桥及白塔突出水面，如北海的琼华岛与西湖的保俶塔一样，成为瘦西湖的特征。白塔在形式上与北海相仿佛，然比例秀匀，玉立亭亭，晴云临水，有别于北海白塔的厚重工稳。从钓鱼台两圆拱门远眺，白塔与五亭桥正分别逗入两圆门中，构成了极空灵的一幅画图。每一个到过瘦西湖的人，在有意无意之中见到这种情景，感到有但可意会不可言传的妙境。这种手法，在园林建筑上称为"借景"，是我国造园艺术上最优秀巧妙手法之一。湖中最大一岛名小金山，它是仿镇山、金山而堆，却冠以一"小"字，此亦正如西湖之上加一"瘦"字、城内的秦淮河加一

"小"字一样，都是以极玲珑婉约的字面来点出景物。因此我说瘦西湖如盆景一样，虽小却予人以"小中见大"的感觉。

瘦西湖四周无高山，仅其西北有平山堂与观音山，亦非峻拔凌云，唯略具山势而已，因此过去皆沿湖筑园。我们从清代《乾隆南巡盛典》、赵之壁《平山堂图》、李斗《扬州画舫录》及骆在田《扬州名胜图》等来看，可以见到清代乾隆、嘉庆二代瘦西湖最盛时期的景象。楼台亭榭，洞房曲户，一花一石，无不各出新意。这时的布置是以很多的私家园林环绕了瘦西湖，从北门直达平山堂，形成一个有合有分、互相"因借"的风景区。瘦西湖是水游诸园的通道。建筑物类皆一二层，在平面的处理上是曲折多变，如此不但增加了空间感，而且又与低平水面互相呼应，更突出了白塔、五亭桥，遥远地又以平山堂、观音山作"借景"。沿湖建筑特别注意到如何陆水交融，曲岸引流，使陆上有限的面积用水来加以扩大。现在对我们处理瘦西湖的布置上，这些手法想来还有借鉴的必要。至于假山，我觉得应该用平冈小坡形成起伏，用以点缀冲破平直的湖面与四野，使大园中的小园，在地形及空间分隔上，都起较多的变化。

扬州建筑兼有南北二地之长，既有北方之雄伟，复有南方之秀丽，因此在建筑形式方面，应该发挥其地方风格，不能夸苏式之轻巧，学北方之沉重，正须不轻不重，恰到好处。色泽方面，在雅淡的髹饰上，不妨略点缀少许鲜艳，使烟雨的水面上顿觉清新。旧时虹桥名红桥，是围以赤栏的。

平山堂是瘦西湖一带最高的据点，堂前可眺望江南山色。

有一联将景物概括殆尽："晓起凭阑，六代青山都到眼；晚来把酒，二分明月正当头。"而唐代杜牧的"青山隐隐水迢迢，秋尽江南草未凋"，又是在秋日登山，不期而然诵出来的诗句。此堂远眺，正与隔江山平，故称平山堂。平山二字，一言将此处景物道破。此山既以望为主，当然要注意其前的建筑物，如果为了远眺江南山色，近俯瘦西湖景物，而在山下大起楼阁，势必与平山堂争宠，最后卒至两难成美。我觉得平山堂下宜以点缀低平建筑，与瘦西湖蜿蜒曲折的湖尾相配合。这样不但烘托了平山堂的高度，同时又不阻碍平山堂的视野。从瘦西湖湖面远远望去，柳色掩映，仿佛一幅仙山楼阁，凭阑处处成图了。

扬州是隋唐古城（旧址在平山堂后），千余年来留下了许多胜迹，经过无数名人的题咏，渐渐地深入了大家的心中。如隋炀帝的迷楼故址，杜牧、姜夔所咏的二十四桥，欧阳修的平山堂，虹桥修禊的倚虹园等，它与瘦西湖的"四桥烟雨""白塔晴云""春台明月""蜀冈晚照"等二十景一样，给瘦西湖招来了无数的游客，平添了无数的佳话。这些古迹与风景点，今后应宜重点突出地来修建整理。它是文学艺术与风景相合形成的结晶，是中国园林高度艺术的表现手法。

扬州旧称绿杨城郭，瘦西湖上又有绿杨村，不用说瘦西湖的绿化是应以杨柳为主了。也许从隋炀帝到扬州来后，人们一直抬高了这杨柳的地位，经千年多的沿袭，使扬州环绕了万缕千丝的依依柳色，装点成了一个晴雨皆宜，具有江南风格的淮左名都，这不能不说是成功的。它注意到植物的适应性与形态的优美，在城市绿化上能见功效，对此我们现在还有继承的必要。在瘦西湖的春日，我最爱"长堤春柳"一带，在夏雨笼晴的时分，我又喜看"四桥烟雨"。总之不论在山际水旁，廊沿亭畔，它都能安排得妥帖宜人，尤其迎风拂面，予人以十分依恋之感。杨柳之外，牡丹、芍药为扬州名花，园林中的牡丹台与芍药阑是最大的特色，而后者更为显著。姜夔词："二十四桥仍在，波心荡、冷月无声。念桥边红药，年年知为谁生。"可以想见宋代湖上芍药种植的普遍。至于修竹，在扬州又有悠久的历史，所谓"竹西佳处"。古代画家石涛、郑燮、金农等都曾为竹写照，留下许多佳作。扬州的竹，清秀中带雄健，有其独特风格，与江南的稍异。瘦西湖四周无山，平畴空旷，似应以此遍植，则碧玉摇空与鹅黄拂水，发挥竹与柳的风姿神态，想来不至太无理吧。其他如玉兰芭蕉、天竹腊梅、海棠桃杏等，在瘦西湖皆能生长得很好。它们与前竹、柳在色泽构图上，皆能调和，在季节上，各抒所长，亦有培养之必要。山旁树际的书带草，终年常青，亦为此地特色。湖不广，荷花似应以少为宜，不致占过多水面。平山堂一区应以松林为障，银杏为辅，使高挺入云。今日古城中保存有巨大银杏的，当推扬州为最。今后对原有的大树，在建筑时应尽量地保存，《园冶》说得好："多年树木，让一步可以立根，斫数桠不妨封顶。斯谓雕栋飞楹构易，荫槐挺玉成难。"

盆景在扬州一带有其悠久的历史，与江南苏州颉颃久矣。其特色是古拙经久，气魄雄伟，雅健多姿，而无忸怩作态之状；

137

对自然的抵抗力很强，适应性亦大。在剪扎上下了功夫，大盆的松、柏、黄杨，虬枝老干，缀以"云片"繁枝，参差有序，具人工天然之美于一处。其他盆菊、桃桩、梅桩、香橼、文旦桩等，亦各臻其妙。它可说是南北、江浙盆景手法的总和，而又能自出心裁，别成一格，故云之为"扬州风"。

瘦西湖湖面不大，水面狭长曲折。要在这样小的范围中游览欣赏，体会其人工风景区的妙处，在游的方式上，亦经推敲过一番。如疾车走马，片刻即尽，则雨丝风片，烟渚柔波，都无从领略。如易以画舫，从城内小秦淮慢慢地摇荡入湖，这样不但延长了游程，并且自画舫中不同的窗框中窥湖上景物，构成了无数生动的构图，给游者以细细的咀嚼，它和西湖的游艇是有浅斟低酌与饱饮大嚼的不同。王士禛诗说："日午画船桥下过，衣香人影太匆匆。"我想既到瘦西湖去，不妨细细领略一番，何必太匆匆地走马看花呢。

我国古典园林及风景名胜地的联额，是对这风景点最概括而最美丽的说明，使游者在欣赏时起很大的理解作用，瘦西湖当然不能例外。其选词择句，书法形式，都经细致琢磨，瘦西湖的大名，是与这些联额分不开的。在《扬州画舫录》中，我们随便检出几联，如"四桥烟雨"的集唐诗二联："树影悠悠花悄悄，晴雨漠漠柳毵毵"，"春烟生古石，疏柳映新塘"等，都是信手拈来，遂成妙语。其风景点及建筑物的命名，都环绕了瘦西湖的特征"瘦"来安排，辞采上没有与瘦西湖的总名有所抵触。瘦西湖不但在具体的景物色调上能保持统一，而且对那些无形的声诗，亦是作同样的处理，益信我国园林设计是多方面的一个综合艺术作品。

总之，瘦西湖是扬州的风景区，它利用自然的地形，加以人工的整理，由很多小园形成一个整体，其中有分有合，有主有宾，互相"因借"，虽范围不大，而景物无穷。尤其在摹仿他处能不落因袭，处处显示自己面貌，在我国古典园林中别具一格。由此可见，造园虽有法而无式，但能掌握"因地制宜"与"借景"等原则，那么高冈低坡、山亭水榭，都可随宜安排，有法度可循，使风花雪月长驻容颜。

瘦西湖的形成，自有其历史的背景。对于在一定历史条件下形成的风景区，在今日修建时，我们固要考虑其原来特色，而更重要的，还应考虑怎样与今日的生活相配合，做到古为今用，又不破坏其原有风格，这是值得大家讨论的。我想如果做得好的话，瘦西湖二十景外，必然有更多新的景物产生。至于怎样"因地制宜"与"借景"等，在节约人力、物力的原则下，对中小型城市布置绿化园林地带，我觉得瘦西湖还有许多可以参考的地方，但仍要充分发挥该地方的特点，做到园异景新。今日我介绍瘦西湖，亦不过标其一格而已。"十里画图新阆苑，二分明月旧扬州。"我相信在今后的建设中，瘦西湖将变得更为美丽。

《文汇报》1962 年 6 月 14 日

扬州大明寺

　　法净寺为扬州著名丛林之一，古名"大明寺"，又称栖灵寺，创建于南北朝刘宋孝武帝时。孝武以大明纪年，遂以大明颜其额。隋炀帝时亦称"西寺"，因其行宫居于寺之东。清康熙"南巡"时，改名"法净寺"。唐代赴日传播文化的鉴真和尚，就是在这里接受日僧的邀请而东渡出海的。

　　唐代的大明寺早毁，明万历年间扬州知府吴秀重修，崇祯十二年（1639年）巡漕御史杨仁再兴建。清顺治时赵有成、雍正时汪应庚等又两次修建。1853年左右毁。迨清同治中，两淮盐运使方濬颐重建。1934年又重修。

　　寺东原有塔。隋仁寿元年（601年）建九层，颇负盛名，李白、高适、刘长卿、刘禹锡、白居易等都来攀登过。唐会昌三年（843 年）火焚。宋景德元年（1004 年）可政和尚重建，又圮。可证前者应为木塔，后者则为砖塔。

从曲折的瘦西湖，一直延伸到蜀冈南麓的"平山堂"坞，经登山御道抵寺。山门额为"敕建法净寺"，计三间单檐硬山造。前有一牌楼，正面题"栖灵遗迹"，另一面题"丰乐名区"，姚煌书。石狮一对，刻法工整，为清帝"南巡"时之物。山门东壁上嵌配以王澍书"天下第五泉"五字。大殿面阔三间带周廊，重檐歇山造，前后附加硬山披廊。其后原有万佛楼、方丈等建筑，现都不存。殿东，前通"文章奥区"额一门，达平远楼。《扬州画舫录》卷十六云："最上者高寺一层，最下者矮寺一层，其第二层与寺平，故又谓之平楼。"今楼虽为清同治间重建，而制度仍依旧。其底层后尚有暗室，从外面不能察。楼前有院，其东隅尚存清道光御笔"印心石屋"四字横形巨碑。楼东即瘦西湖二十四景中的"双峰云栈""蜀冈晚眺"与"万松叠翠"。清方濬颐有联云："三级曩增高，两点金焦，助起怀前吟兴；双峰今耸秀，万株松栝，涌来槛外涛声。"今游客登楼，便能有此感觉。楼后有厅三间，前施抱厦，曾移"晴空阁"一额于此。再后为报本堂（曾额四松草堂）。报本堂东为悟轩，原多牡丹，故曾移额"洛春"张之。诸堂前皆点石栽花，而蕉丛尤为胜色。是区北之余地，疑即栖灵塔故址，鉴真和尚纪念馆建造于此。馆为梁思成教授设计，仿日本唐招提寺，纪念碑据唐式，额系郭沫若同志题，记由中国佛教会赵朴初会长撰书。余皆参与其事。

从法净寺大殿西转，通过有"仙人旧馆"额的一门，即抵堂前，是法净寺的一部分。此堂为宋庆历八年（1048年）欧阳修任扬州太守时创建，坐此堂中，望隔江诸山，似皆与此堂平列，故名平山堂。嘉祐八年（1063年）、淳熙间及嘉定三年（1210年）等重修。明万历间及清康熙十二年（1673年）亦有修建，至乾隆元年（1736年）又重建，1853年毁。同治中方濬颐重建。此堂于清康熙元年（1662年）改为寺。

堂系面阔五间，深三间敞口厅，其前有台，殆即"行春台"旧址。有古藤一架，杂以芭蕉丛竹，配置颇称雅秀。台下幽篁古木之外，远帆闲云出没于旷空有无之间，江南诸峰拱揖槛前。有联云："晓起凭阑，六代青山都到眼；晚来把酒，二分明月正当头。"极妙。

堂后为谷林堂三间，取意于东坡诗"深谷下窈窕，高林合扶苏"句。后为六一祠，亦称欧阳祠，清光绪五年（1879年）两淮盐运使欧阳正墉重建，系面阔五间带周廊的单檐歇山式。中置神龛，龛中欧阳修石刻像，利用反光作用，远看白须，近看黑须，艺术评价甚高，并有李公度撰文一碑记其事。堂前假山一丘，玉兰古柏数干，春时花影扶疏。南向通月门为西园，即"御苑"所在，乾隆十六年（1751年）汪应庚所筑，多古木幽篁，大池辅以黄石山，极起伏深邃之致。所谓"天下第五泉"，其说纷纭，现一在池中，一在岸上。池中一口，上有王澍所书"天下第五泉"横额。清乾隆汪应庚凿池时所得，后于其上复井亭。岸上一口系明僧沧溟所发现；嘉庆中巡盐御史徐九皋为书"第五泉"三大字，刻石立于泉侧。西园原有北楼、荷厅、观瀑亭、梅厅等诸胜。今岸上之五泉亭、御碑亭、四方亭等，均已次第修复。

《文物》1963 年第 9 期

西湖园林风格漫谈

　　西湖的园林建筑是我们园林修建工作者的一个重大课题，它既复杂又多样，其中有巨作、有小品，是好题材。古来的作家诗人，从各种不同角度，写成了若干的不朽作品，到今日尚能引起我们或多或少的幻想和憧憬。

　　西湖是我国最美丽的风景区之一。今天在党的领导下，经过多少人的辛勤劳动，使她越变越美丽。可是西湖并不是从白纸上绘制的一幅新图画，她至少已有一千多年的历史（说得少点从唐宋开始），并在前人的基础上一直在重建修改。唐人诗词上歌咏的与宋人笔记上记载的西湖，我们今天仍能在文献资料中看到。社会在不断发展，西湖也不断地在变，今天我们希望她变得更好，因此有必要来讨论一下。清人汪春田有《重葺文园诗》："换却花篱补石阑，改园更比改诗难；果能字字吟来稳，小有亭台亦耐看。"这首诗对我们园林修建工作者来说，真是一言道破了其中甘苦的，他的体会确是"如鱼饮水，冷暖自知"。花篱也罢，石阑也罢，我们今天要推敲的是到底今后西湖在建设中应如何变得更理想，这就牵涉到西湖园林风格问题，这问题我相信大家一定可以"争鸣"一下。如今我来先谈一谈西湖的风景。

西湖在杭州城西，过去沿湖滨路一带是城墙，从前游西湖要出钱塘门、涌金门与清波门，因此《白蛇传》的许仙与白娘娘就是在这儿会面的。她既位于西首，三面环山，一面临城，因此在凭眺上就有三个面：即向南山、北山及面城的西山。以风景而论，从南向北，从东向西，比从北望南来得好，因为向北向西，山色都在阳面，景物宜人，如私家园林的"见山楼""荷花厅"多半是北向的。可是建筑物面向风景后，又不免要处于阴面，想达到"二难并，四美具"，就要求建筑师在单体设计时，在朝向上巧妙地考虑问题了。西山与北山既为最好的风景面，因此应考虑这两山（包括孤山）是否适宜造过于高大的建筑物，以致占去过多的绿化面与山水；如孤山，本来不大，如果重重地满布建筑物的话，是否会产生头重脚轻失调现象。同济大学设计院在孤山图书馆设计方案时，我就开宗明义地提出了这个问题。即使不得已在实际需要上必须建造，亦宜大园包小园，以散为主，这样使建筑物隐于高树奇石之中，两者会显得相得益彰。再其次，有些风景遥望极佳，而观赏者要立足于相当距离外的观赏点，因此建筑物要发挥观赏佳景作用，并不等于要据此佳丽之地大兴土木，甚至于踞山盘居，而应若接若离地去欣赏此景，这就是造园中所谓"借景""对景"的命意所在。我想如果最好的风景面上都造上了房子，不但破坏了风景面，即居此建筑物中亦了无足观，正所谓"不见庐山真面目"了。过去诗文中常常提到杭州城南风光，依我看还是北望宝石山、孤山与白堤一带景物更为美妙吧！

西湖风景有开朗明净似镜的湖光，有深涧曲折、万竹夹道的山径，有临水的水阁湖楼，有倚山的山居岩舍，景物各因所处之地不同而异。这些正是由西湖有山有水的优越条件而形成。既有此优越的条件，那么"因地制宜"便是我们设计时最好的依据了。文章有论著、有小品，各因体裁内容而异，但总是要切题，要有法度。清代钱泳说得好："造园如作诗文，必使曲折有法。"这就提出了园林要曲折，要有变化的要求，因此西湖既有如此多变的风景面，我们做起文章来正需诗词歌赋件件齐备，画龙点睛，锦上添花，只要我们构思下笔就是。我觉得今后对西湖这许多不同的风景面，应事先好好地安排考虑一下，最重要的是先广搜历史文献然后实地勘察，左顾右盼，上眺下瞰，选出若干观赏点。选就以后，就能规定何处可以建筑，何处只供观赏不能建造多量建筑物，何处适宜作安静的疗养处，何处是文化休憩处。这都要先"相地"，正如西泠印社四照阁上一联所说的："面面有情，环水抱山山抱水；心心相印，因人传地地传人。"上联所指，是针对"相地""借景"两件园林中最主要的要求而言，我想如果到四照阁去过的人，一定体会很深。而南山区的雷峰塔，则更是重要的一个"点景"建筑。

　　大规模的风景区必然有隐与显不同的风景点，像西湖这样好的自然环境，当然不能例外，有面面有情、处处生姿的西湖湖面及环山；有"遥看近却无"的"双峰插云"；更有"曲径通幽"的韬光龙井。古人在处理这许多各具特色的风景点，用的是不同的巧妙手法，因此今后安排景物时，如何能做到不落常套，推陈出新，我想对前人的一些优秀手法，以及保存下来的出色实例，都应做进一步的继承与发扬。当然我们事先应做很好的调查，将原来的家底摸摸清楚，再做出全面的分析，这样可能比较实事求是一些。

　　西湖是个大风景区，建筑物对景物起着很大的作用，两者互相依存，所谓"好花须映好楼台"。尤其是中国园林，这种特点更显得突出。西湖不像私家园林那样要用大量的亭台楼阁，可是建筑物却是不可缺少的主体之一。我想西湖不同于今日苏扬一带的古典园林，建筑物的形式不必局限于翼角起翘的南方大型建筑形式；当然红楼碧瓦亦非所取，如果说能做到雅淡的粉墙素瓦的浙中风格，予人以清静恬适的感觉便是。大型的可以翼角起翘，小型的可以水戗、发戗或悬山、硬山，游廊、半亭，做到曲折得宜，便是好布置。我们试看北京颐和园主要的佛香阁一组用琉璃瓦大屋顶，次要的殿宇馆阁，就是灰瓦复顶。即使封建社会皇家的穷奢极欲，也还不是千篇一律的处理。再者西湖范围既如此之大，地区有隐有显，有些地方建筑物要突出，有些地方相反地要不显著，有些地方要适当地点缀，因此在不同的情况下，要灵活地应用，确定风景和建筑何者为主，或风景与建筑必须相映成趣，这些都要事先充分地考虑。尤其是今天，西湖的建筑物有着不同的功能，这就使我们不能强调内容为先还是形式为先，要注意到两者关系的统一。好在西湖范围较大，有水有山，有谷有岭，有前山有后山，如果能如上文所说能事先有明确的分区，严格地执行，这问题想来也不太大。如此就能保持整个西湖风格的统一，与其景物的特色。

西湖过去有"十景"，今后当有更多的好景。所谓"十景"是指十个不同的风景欣赏点，有带季节性的如"苏堤春晓""平湖秋月"；有带时间性的"雷峰夕照"；有表示气候特色的"曲院风荷""断桥残雪"；有突出山景的"双峰插云"；有着重听觉的"柳浪闻莺"，等等。总之根据不同的地点、时间、空间，产生了不同的景物，这些景物流传得那么久，那么深入人心，是并非偶然的。好景一经道破，便成绝响，自然每一个到过西湖的人都会留下不灭的印象。因此今日对于景物的突出，主题的明确，是要加以慎重考虑的。如果景物宾重于主，或虽有主而不突出，如"曲院风荷"没有荷花，即使有亦不过点缀一下，那么如何叫人一望便知是名副其实呢？所以我这里提出，今后对于这类复杂课题，都要提高到主宾明确，运用诗情画意，若即若离，空蒙山色，迷离烟水的境界去进行思考处理。因此说西湖是画，是诗，是园林，关键在我们如何地从各种不同角度来理解她。

树木对于园林的风格是起一定作用的。记得古人有这样的句子："明湖一碧，青山四围，六桥锁烟水。"将西湖风景一下子勾勒了出来。从"六桥烟水"四字，必然使读者联想到西湖的杨柳。这是烟水杨柳，是那么的拂水依人。再说"绿杨城郭是扬州"，"白门杨柳好藏鸦"，都是说像扬州、南京这种城市，正如西湖一样以杨柳为其主要绿化物。其他如黄山松、栖霞山红叶，也都各有其绿化特征。西湖在整个的绿化上不能不有其主要的树类，然后其他次要的树木才能环绕主要树木，适当地进行配合与安排。如果不加选择，兼收并蓄的话，很难想象会造成什么结果。正如画一样必定要有统一的气韵格调，假山有统一的皴法。我觉得西湖似应以杨柳为主。此树喜水，培养亦易，是绿化中最易见效的植物。其次必定要注意到风景点的特点，如韬光的楠木林，云栖、龙井的竹径，满觉陇的桂花，孤山的梅花，都要重点栽植，这样既有一般，又有重点，更好地构成了风景地区的逗人风光。至于宜于西湖生长的一些花木，如樟树、竹林，前者数年即亭亭如盖，后者隔岁便翠竿成荫，在浙中园林常以此二者为主要绿化植物，而且经济价值亦大，我认为亦不妨一试，以标识浙中园林植物的特点。至于外来的植物，在不破坏原来风格的情况下，亦可酌量栽植，不过最好是专门辟为植物园，其所收效果或较散植为佳。盆景在浙江所见的，比苏州、扬州更丰富多彩。我记得过去看见的那些梅桩与佛手桩、香橼桩，培养得好，苔枝缀玉，碧树垂金，都是他处不及的，皆出金华、兰溪匠师之手。像这些地方特色较重的盆景，如果能继续发扬的话，一定会增加西湖不少景色。

《文汇报》1962 年 3 月 14 日

绍兴的沈园与春波桥

前几年我因绍兴的禹庙与兰亭的修复工程，到绍兴去了，住在鲁迅纪念馆。相近有一座春波桥，桥旁就是沈园，里面并设了南宋爱国诗人陆放翁（游）的纪念馆。沈园亦经过整理，新筑了围墙，常常有从各地方去凭吊的人，尤其是在春日。这里是放翁最有名的一首作品——《钗头凤》词的诞生地。这词使人联想到放翁在旧社会封建势力压迫下的一幕悲剧。

沈园在春波桥旁，现存小园一角，古木数株，在积土的小坡上，点缀一些黄石。山旁清池澄澈，环境至为幽静。旁有屋数椽，今为放翁纪念堂，内部陈列了放翁遗像以及放翁作品。根据记载，沈园在南宋是个名园，范围比今日要大几倍。

放翁原娶唐琬，是他母亲的侄女，两人感情很好。后来因

退思园

曲终过尽松陵路，回首烟波十四桥。

豫园

　　在设计时尤为可取的，是利用清流与复廊二者的联系，而以水榭作为过渡，砖框漏窗的分隔与透视，顿使空间扩大，层次加多，不因地小而无可安排。

为他母亲不喜欢这位媳妇，放翁又不忍出其妻，将她居住到另一个地方，但终因迫于母命而分开了。唐琬不得已改嫁给当时的宗室赵士程。有一年正月，两人相遇在城南禹迹寺（今尚存，建筑物已重建）沈氏园，酒间放翁赋《钗头凤》一词，题于壁间。词云："红酥手，黄滕酒，满城春色宫墙柳。东风恶，欢情薄，一怀愁绪，几年离索。错，错，错！春如旧，人空瘦，泪痕红浥鲛绡透。桃花落，闲池阁。山盟虽在，锦书难托。莫，莫，莫！"唐琬的和词云："世情薄，人情恶，雨过黄昏花易落。晓风干，泪痕残，欲笺心事，独语斜阑。难，难，难！人成各，今非昨，病魂常似秋千索。角声寒，夜阑珊，怕人寻问，咽泪装欢，瞒，瞒，瞒！"这是绍兴二十五年（1155年），放翁三十一岁。不久唐琬死，这对放翁当然是一个刺激，这刺激与隐痛可说一直延续到他将死。绍熙三年（1192年）放翁六十八岁，又作了一首诗，序云："禹迹寺南有沈氏小园，四十年前尝题小词壁间，偶复一到，园已三易主，读之怅然。"诗云："枫叶初丹槲叶黄，河阳愁鬓怯新霜；林亭旧感空回首，泉路凭谁说断肠。坏壁题诗尘漠漠，断云幽梦事茫茫；年来妄念消除尽，回向蒲龛一炷香。"放翁晚年是住在城外鉴湖畔的山上，每次入城，必登寺眺望沈园一番，因此又赋了二首诗说："梦断香消四十年，沈园柳老不飞绵；此身行作稽山土，犹吊遗踪一泫然。""城上斜阳画角哀，沈园非复旧池台；伤心桥下春波绿，曾见惊鸿照影来。"第二首诗的末后两句写得那么真挚，今日熟悉这诗的游客过春波桥①，望了桥下清澈的流水，总要想起这两句来。此时的放翁已七十五岁了。到开禧元年（1205 年），放翁八十岁那年，又作了《岁暮梦游沈氏园》的两首诗："路近城南已怕行，沈家园里更伤情；香穿客袖梅花在，绿蘸寺桥春水生。""城南小陌又逢春，只见梅花不见人；玉骨久成泉下土，墨痕犹锁壁间尘。"已是垂老的情怀，尚是难忘这段旧事。

我们谈了这一些诗词，使人很清楚地明白了这一个故事与沈园及春波桥的由来，但见文字是那么平易能懂，情感与意思是那么的深刻动人。如今人民政府已将沈园修复，又添设了纪念馆。旧社会一去不复返，旧的封建制度再也不会再来。我想放翁地下有知，亦当含笑于九泉了。

香港《文汇报》1963 年 10 月 2 日

---

① 绍兴同样尚有一座春波桥在城外。宝庆《会稽志》云："在会稽县东南五里，千秋鸿禧观前，贺知章诗云：'离别家乡岁月多，近来人事半消磨，唯有门前鉴湖水，春风不改旧时波。'故取此桥名。"现在沈园前的春波桥，正对禹迹寺，嘉泰《会稽志》及乾隆《绍兴府志》均名禹迹寺桥，清光绪时重修，改名为春波桥。

同里退思园

初冬的微阳，浅照在江南的原野，我又重游了水乡吴江同里的退思园。往事如烟，触景怀人，说来也话长了。

退思园自从我誉为贴水园后，地方上能欣然会意，花了很大的力量，修理得体。我小立池边，想起我初知退思园之名，还是四十多年前的事了。我当时在圣约翰大学教书，同事任味之（传薪）先生就是该园的主人。任老长我三十岁，与我为忘年交，学者兼名士，他能度曲，是曲学泰斗吴瞿安（梅）的好友。留学过德国，又在园东创办了一所女子中学，开风气之先。园与宅相连，前有菊圃，植菊千本，与常熟曾孟朴先生的虚廓园中栽月季一样豪华，我相信将来退思园的艺菊也可能添一时景吧。

历史上，同里有位计成，在中国造园史上享有不朽的盛名。计成生于明万历十年（1582年），他著有《园冶》一书，是造园学的经典著作，不但影响我国，而且传播到日本及现在的西方。明年是他诞生四百十岁周年，我建议我们造园界在吴江县政府的倡导下，在同里开个纪念会，并在那里造一个"计亭"，让世界的园林界与旅游者前来凭吊。

吴江这地方，真是个文化之地，过去茶坊酒肆中品画闲吟，听书拍曲，仅以我认识的学者名流曲家来谈，除任老外，还有金松岑、凌敬言、金立初、蔡正仁、计镇华、徐孝穆诸先生，人物前后跨越约一百年。这个以园名曲名的江南水乡，触发了我的情思，因此叫出了"江南华厦，水乡名园"两句话，还加了一句"度曲松陵"（吴江又称松陵）。

任味之先生是退思园的最后主人了，晚年住上海，园渐衰落，一直到1949年后已是残毁不堪了。因为任老的关系，我关心了一下，终于救了出来，这也是佛家所谓"缘"吧？

同里以水名，无水无同里，过去退思园边就有清流，现在填掉了。我多么希望能恢复原状。退思园论时代是较晚近一些，布局进步了，正路照壁门屋下房轿厅大厅，东边上房是主人居住之处，一个大走马楼，左右楼廊联之，天井大，很是开朗；再东为客房、书房，在楼屋中，点缀山石乔木，极清静；再东为花园，园外远处为女校，其平面发展自西向东，各自成区，园又有别门可出入。华厦完整，园林如画，相配得很是可人、宜人，可惜园外有一座水塔，借景变成增丑，不知何日可以迁走呢？

目前大家在谈经济开发，同里以园带水，以水带财，水乡、水园、水磨腔（昆曲名水磨腔）——中国的威尼斯。如能恢复已填的市河，可形成以水游为主的水乡风味特色的江南景点。"曲终过尽松陵路，回首烟波十四桥。"太富有诗情画意了。

1991 年 1 月

上海的豫园与内园

　　豫园与内园皆在上海旧城区城隍庙的前后，为上海目前保存较为完整的旧园林。上海市文化局与文物管理委员会十分重视这个名园，除加以管理外，并逐步进行了修整，给人口密度最多的地区以很好的绿化环境，作为广大人民游憩的地方，充分发挥了该园的作用。年来我参与是项工作，遂将所见，介绍于后：

　　1. 豫园是明代四川布政使上海人潘允端为侍奉他的父亲——明嘉靖间尚书潘恩所筑，取"豫悦老亲"的意思，名为豫园。从明朱厚熜（世宗）嘉靖三十八年（1559年）开始兴建，到明朱翊钧（神宗）万历五年（1577年）完成，前后花了十八年工夫，占地七十余亩，为当时江南有数的名园（潘宅在园东安仁街梧桐路一带，规模甲上海，其宅内五老峰之一，今在延安中路旧严宅内）。17世纪中叶，潘氏后裔衰落，园林渐形荒废。清弘历（高宗）乾隆二十五年（1760年），该地人士集资购得是园一部分，重行整理。当时该园前面已在清玄烨（圣祖）四十八年（1709年）筑有"内园"，二园在位置上所在不同，就以东西园相呼，豫园在西，遂名西园了。清道光间，豫园因年久失修，当时地方官曾通令由各同业公所分管，作为议事之所，计二十一个行业各处一区，自行修葺。旻宁（宣宗）道光二十二年（1842年）鸦片战争时，英兵侵入上海，盘踞城隍庙五日，园林遭受破坏。其后奕詝（文宗）咸丰十年（1860年），清政府勾结帝国主义镇压太平天国革命，英法军队又侵入城隍庙，造成更大的破坏。清末园西一带又辟为市肆，园之本身益形缩小，如今附近几条马路如凝晖路、船舫路、九狮亭等，皆因旧时凝晖阁、船舫厅、九狮亭而得名的。

豫园今虽已被分隔，然所存整体，尚能追溯其大部分。上海市的新规划，将来是要将它合并起来的。今日所见豫园是当年东北隅的一部分，其布局以大假山为主，其下凿池构亭，桥分高下。隔水建阁，贯以花廊，而支流弯转，折入东部，复绕以山石水阁，因此山水皆有聚有散，主次分明，循地形而安排，犹是明代造园的一些好方法。

萃秀堂是大假山区的主要建筑物，位于山的东麓，系面山而筑。山积土累黄石而成，出叠山家张南阳之手，为江南现存最大黄石山。山路泉流迂曲，有引人入胜之感。自萃秀堂绕花廊，入山路，有明祝枝山所书"溪山清赏"的石刻，可见其地境界之美。达巅有平台，坐此四望，全园景物坐拥而得。其旁有小亭，旧时浦江片帆呈现槛前，故名望江亭。山麓临池又建一亭，倒影可鉴。隔池为仰山堂，系二层楼阁，外观形制颇多变化，横卧波面，倒影清晰。水自此分流，西北入山间，谷有瀑注池中。向东过水榭绕万花楼下，虽狭长清流，然其上隔以花墙，水复自月门中穿过，望去觉深远不知其终。两旁古树秀石，荫翳蔽日，意境幽极。银杏及广玉兰扶疏接叶，银杏大可合抱，似为明代旧物。大假山以雄伟见长，水池以开朗取胜，而此小流又以深静颉颃前二者了。在设计时尤为可取的，是利用清流与复廊二者的联系，而以水榭作为过渡，砖框漏窗的分隔与透视，顿使空间扩大，层次加多，不因地小而无可安排。

小溪东向至点春堂前又渐广（原在点春堂前西南角建有洋楼，1958 年拆除，重行布置）。"凤舞鸾鸣"为三面临水之阁，与堂相对。其前则为和煦堂，东面依墙，奇峰突兀，池水潆洄，有泉瀑如注。山巅为快阁，据此东部尽头西眺，大假山又移置槛前了。山下绕以花墙，墙内筑静宜轩。坐轩中，漏窗之外的景物隐约可见，而自外内望又似隔院楼台，莫穷其尽。点春堂弯沿曲廊，可导至情话室，其旁为井亭与学圃。学圃亦踞山而筑，山下有洞可通。点春堂，在清奕詝（文宗）咸丰三年（1853 年）上海人民起义时，小刀会领袖刘丽川等解放上海县城达十七个月，即于此设立指挥所，因此也是人民革命的重要遗迹。

2. 内园原称东园，建于清玄烨（圣祖）康熙四十八年

（1709 年）。占地仅二亩，而亭台花木，池沼水石，颇为修整，在江南小型园林中，还是保存较好的。晴雪堂为该园主要建筑物，面对假山，山后及左右环以层楼，为此园之主要特色，有延清楼、观涛楼等。耸翠亭出小山之上，其下绕以龙墙与疏筠奇石。出小门为九狮池，一泓澄碧，倒影亭台，坐池边游廊，望修竹游鱼，环境幽绝。此池面积至小，但水自龙墙下洞曲流出，仍无局促之感。从池旁曲廊折回晴雪堂。观涛楼原可眺黄浦江烟波，因此而定名，今则为市肆诸屋所蔽，故仅存其名了。

清代造园，难免在小范围中贪多，亭台楼阁，妄加拼凑，致缺少自然之感，布局似欠开朗。内园显然受此影响，与豫园之大刀阔斧的手笔，自有轩轾。然此园如九狮池附近一部分，尚曲折有致，晴雪堂前空间较广，不失为好的设计。

总之，二园在布局上有所差异，但局部地方如假山的堆砌，建筑物的凌乱无计划，以及庸俗的增修，都是清末叶各行业擅自修理所造成的后果。今后在修复工作中，还是要留心旧日规模，去芜存菁，复原旧观才是。

其他如大荷池、九曲桥、得月楼、环龙桥、玉玲珑湖石、九狮亭遗址等，均属豫园所有，今皆在市肆之中，故不述及。（作者按：在 1958 年的兴修中，玉玲珑湖石及九狮亭、得月楼等皆复原，并在中部开凿了大池。）

《文物参考资料》1957 年第 6 期

悠然把酒对西山：颐和园

　　"更喜高楼明月夜，悠然把酒对西山"，明米万钟①在他北京西郊的园林里，写了这两句诗句。一望而知是从晋人陶渊明"采菊东篱下，悠然见南山"脱胎而来的。不管"对"也好，"见"也好，所指的都是远处的山。这就是中国园林设计中的借景。把远景纳为园中一景，增加了该园的景色变化。这在中国古代造园中早已应用，明计成②在他所著《园冶》一书中总结出来，有了定名。他说："借者，园虽别内外，得景无拘远近。"

---

　　① 米万钟（1570—1629年），明末书画家，又为中国园林的著名设计师之一。现北京大学校园尚存的夕园，即为米万钟创建的著名园林所在。
　　② 计成是中国明末的园林学家，有著名的园林理论著作《园冶》传世。书成于1631—1634年间，对中国园林的造园叠山有一套系统的理论，对中国园林艺术的研究颇多建树。

已阐述得很明白了。

　　北京的西郊，西山蜿蜒若屏，清泉汇为湖沼，最宜建园，历史上曾为北京园林集中之地，明清两代，蔚为大观，其中圆明园更被称为"万园之园"。这座在历史上驰名中外的名园——圆明园，其于造园之术，可用"因水成景，借景西山"八字来概括。圆明园的成功，在于"因""借"二字，是中国古代园林主要手法的具体表现。偌大的一个园林，如果立意不明，终难成佳构。所以造园要立意在先。尤其是郊园，郊园多野趣，重借景。这两点不论从哪一个园，即今日尚存的颐和园，都能体现出来。

　　圆明园在 1860 年英法联军与 1900 年八国联军入侵北京时已全被焚毁，今仅存断垣残基。如今，只能用另一个大园林——颐和园来谈借景。

　　颐和园在北京西北郊 10 公里，万寿山耸翠园北，昆明湖弥漫山前，玉泉山蜿蜒其西，风景洵美。

　　颐和园在元代名瓮山金海，至明代有所增饰，名好山园。清康熙四十一年（1702 年）曾就此作瓮山行宫。清乾隆十五年（1750 年）开始大规模兴建，更名清漪园。1860 年为英法联军所毁，1886 年修复，易名颐和园。1900 年又为八国联军所破坏，1903 年又重修，遂成今状。

　　颐和园是以杭州西湖为蓝本，精心模拟，故西堤、水岛、烟柳画桥，移江南的淡妆，现北地之胭脂，景虽有相同，趣则各异。

园面积达三四平方公里，水面占四分之三，北国江南因水而成。入东宫门，见仁寿殿，峻宇翚飞，峰石罗前。绕其南豁然开朗，明湖在望。

万寿山面临昆明湖，佛香阁踞其巅，八角四层，俨然为全园之中心。登阁则西山如黛，湖光似镜，跃然眼帘；俯视则亭馆扑地，长廊萦带，景色全囿于一园之内，其所以得无尽之趣，在于借景。小坐湖畔的湖山真意亭，玉泉山山色塔影，移入槛前，而西山不语，直走京畿，明秀中又富雄伟，为他园所不及。

廊在中国园林中极尽变化之能事，颐和园长廊可算显例，其予游者之兴味最浓，印象特深，廊引人随，中国画山水手卷，于此舒展，移步换景，上苑别馆，有别宫禁，宜其清代帝王常作园居。

谐趣园独自成区，倚万寿山之东麓，积水以成池，周以亭榭，小桥浮水，游廊随经，适宜静观，此大园中之小园，自有天地。园仿江南无锡寄畅园，以同属山麓园，故有积水，皆有景可借。

水曲由岸，水隔因堤，故颐和园以长堤分隔，斯景始出，而桥式之多，构图之美，处处画本，若玉带桥之莹洁柔和，十七孔桥之仿佛垂虹，每当山横春霭，新柳拂水，游人泛舟，所得之景与陆上得之景，分明异趣。而处处皆能映西山入园，足证"借景"之妙。

恭王府小记

是往事了！提起神伤。却又是新事，令人兴奋。回思 1961 年冬，我与何其芳、王昆仑、朱家溍等同志相偕调查恭王府（相传的大观园遗迹），匆匆已十余年。何其芳同志下世数载，旧游如梦！怎不令人黯然低回。去冬海外归来，居停京华，其庸兄要我再行踏勘，说又有可能筹建为曹雪芹纪念馆。春色无边，重来天地，振我疲躯，自然而然产生出两种不同的心境，神伤与兴奋，交并盘旋在我的脑海中。

记得过去看到英国出版的一本 Orvald Sirien 所著的《中国园林》，刊有恭王府的照片，楼阁山池，水木明瑟，确令人神往。后来我到北京，曾涉足其间，虽小颓风范而丘壑独存，红楼旧梦一时涌现心头。这偌大的一个王府，在悠长的岁月中，它经过了多少变幻。"词客有灵应识我",如果真的曹雪芹有知的话,那我亦不虚此行了。

恭王府在什刹海银锭桥南,是北京现存诸王府中,结构最精,布置得宜,且拥有大花园的一组建筑群。王府之制,一般其头门不正开,东向,入门则诸门自南往北,当然恭王府亦不例外,可惜其前布局变动了,尽管如此,可是排场与气魄依稀当年。围墙范围极大,唯东侧者,形制极古朴,"收分"(下大上小)显著,做法与西四羊市大街之历代帝王庙者相同,而雄伟则过之,此庙为明嘉靖九年(1530年)就保安寺址创建,清雍正七年(1729年)重修。于此可证恭王府旧址由来久矣。府建筑共三路,正路今存两门,正堂(厅)已毁,后堂(厅)悬"嘉乐堂"额,传为乾隆时和珅府之物。则此建筑年代自明。东路共三进,前进梁架用小五架梁式,此种做法,见明计成《园冶》一书,明代及清初建筑屡见此制,到乾隆后几成绝响。其后两进,建筑用材与前者同属挺秀,不似乾隆时之肥硕,所砌之砖与乾隆后之规格有别,皆可初步认为康熙时所建。西路亦三进,后进垂花门悬"天香庭院"额,正房有匾名"锡晋斋",皆为恭王府旧物。柱础施雕,其内部用装修分隔,洞房曲户,回环四合,精妙绝伦,堪与故宫乾隆花园符望阁相颉颃。我来之时,适值花期,院内梨云、棠雨、丁香雪,与扶疏竹影交响成曲,南归相思,又是天涯。后部横楼长一百六十米,阑干修直,窗影玲珑,人影衣香,令人忘返。其置楼梯处,原堆有木假山,为海内仅见孤例。就年代论此楼较迟。以整个王府来说似是从东向西发展而成。楼后为花园，其东部小院，翠竹丛生，廊空室静，帘隐几净，多雅淡之趣，虽属后建，而布局似沿旧格，垂花门前四老槐，腹空皮留，可为此院年代之证物。此即所谓潇湘馆。而廊庑周接，亭阁参差，与苍松翠柏，古槐垂杨，掩映成趣。间有水石之胜，北国之园得无枯寂之感。最后亘于北垣下，以山作屏者为"蝠厅"，抱厦三间突出，自早至暮，皆有日照，北京唯此一处而已，传为怡红院所在，以建筑而论，亦属恭王府时代的，左翼以廊，可导之西园。厅前假山分前后二部，后部以云片石叠为后补，主体以土太湖石叠者为旧物，上建阁，下构洞曲，施石过梁，视乾隆时代之做法为旧，山间树木亦苍古。时期固甚分明。其余假山皆云片石所叠，树亦新，与其附近鉴园假山相似，当为恭王时期所添筑。西部前有"榆关""翠云岭"，亦后筑。湖心亭一区背出之，今水已填没，无涟漪之景矣。园后东首的戏厅，华丽轩敞，为京中现存之完整者。

俞星垣（同奎）先生谓："花园在恭王府后身，府系乾隆时和珅之子丰绅殷德娶和孝固伦公主赐第。"可证乾隆前已有府第矣。又云："1799 年（清嘉庆四年）和珅籍没，另给庆禧亲王为府第。约 1851 年（清咸丰间）改给恭亲王，并在府后添建花园。"此恭王府由来也。足以说明乾隆间早已形成王府格局，后来必有所增建。

四十年前单士元同志曾写过《恭王府考》载《辅仁大学学报》，有过详细的文献考证。我如今仅就建筑与假山做了初步的调查，因为建筑物的梁架全为天花所掩，无从做周密的检查，仅提供一些看法而已。

在国外，名人故居都保存得很好，任人参观凭吊，恭王府虽非确实的大观园，曹氏当年于明珠府第必有所往还。雪芹曾客南中，江左名园亦皆涉足，故我与俞平伯先生同一看法，认为大观园是园林艺术的综合，其与镇江金山寺的白娘娘水斗，甘露寺的刘备招亲，同为民间流传了的故事。如今以恭王府作为《红楼梦》作者曹雪芹的纪念馆，则又有何不可呢？并且北京王府能公开游览者亦唯此一处。用以显扬祖国文化，保存曹氏史迹，想来大家一定不谓此文之妄言了。

1979 年 5 月写成于同济大学建筑系建筑史教研室

移天缩地在君怀：避暑山庄

河北省承德市附近原为清帝狩猎的地方，骏马秋风，正是典型的北地风情。然而承德避暑山庄这个著名的北方行宫苑囿，却有杏花春雨般的江南景色，令人向往。游人到此总会流露出"谁云北国逊江南"这种感觉。

苑囿之建，首在选址，需得山川之胜，辅以人工。重在选景，妙在点景，二美具而全景出，避暑山庄正得此妙谛。山庄群山环抱，武烈河自东北沿宫墙南下。有泉冬暖，故称热河。

清康熙于1703年始建山庄，经六年时间初步完成，作为离宫之用。朴素无华，饶自然之趣，故以山庄名之，有三十六景。其后，乾隆又于1751年进行扩建，踵事增华，亭榭别馆骤增，遂又增三十六景。同时建寺观，分布山区，规模较前益大。

行宫周约二十公里，多山岭，仅五分之一左右为平地，而平地又多水面，山岚水色，相映成趣。居住朝会部分位于山庄之东，正门内为楠木殿，素雅不施彩绘，因所在地势较高，故近处湖光，远处岚影，可卷帘入户，借景绝佳。园区可分为两部，东南之泉汇为湖泊，西北山陵起伏如带，林木茂而禽鸟聚，麋鹿散于丛中，鸣游自得。水曲因岸，水隔因堤，岛列其间，仿江南之烟雨楼、狮子林等，名园分绿，遂移北国。

山区建筑宜眺、宜憩，故以小巧出之而多变化。寺庙间列，晨钟暮鼓，梵音到耳，且建藏书楼文津阁，储《四库全书》[①] 于此。园外东北两面有外八庙，为极好的借景，融园内外景为一。

山庄占地五百六十四万平方米，为现存苑囿中最大。山庄自然地势，有山岳平原与湖沼等，因地制宜，变化多端。而林木栽植，各具特征，山多松，间植枫，水边宜柳，湖中栽荷，园中"万壑松风""曲水荷香"，皆因景而得名。而万树园中，榆树成林，浓阴蔽日，清风自来，有隔世之感。

中国苑囿之水，聚者为多，而避暑山庄湖沼，得聚分之妙，其水自各山峪流下，东南经文园水门出，与武烈河相接。湖沼之中，安排如意洲、月色江声、芝径云堤、水心榭等洲、岛、桥、堰，分隔成东湖、如意洲湖及上下湖区域。亭阁掩映，柳岸低迷，景深委婉。而山泉、平湖之水自有动静之分，故山麓

---

① 《四库全书》是清代乾隆年间（1772—1782 年）编的一部大型丛书，内容广泛，保存并整理了大量中国古籍文献。全书共收古籍 3503 种，79337 卷。分经史子集四部，故名《四库全书》。

有"暖流喧波""云容水态""远近泉声"。入湖沼则"澄波叠翠""镜水云岭""芳渚临流"。水有百态，景存千变。

山庄按自然形势，广建亭台、楼阁、桥梁、水榭等。并且更就幽峪奇峰，建造寺观庵庙，计东湖沼区域有金山寺、法林寺等。山岳区内，其数尤多，属道教者有广元宫、斗姥阁；属佛教的有珠源寺、碧峰寺、旃檀林、鹭云寺、水月庵等，有内八庙之称，殿阁参差，浮图隐现，朝霞夕月，梵音钟声，破寂静山林，绕神妙幻境。苑囿园林，于自然景物外，复与宗教建筑相结合。

山庄峰峦环抱，秀色可餐，隔武烈河遥望，有"锤峰落照"一景。自锤峰沿山而北，转狮子沟而西，依次建溥仁寺、溥善寺、普乐寺、安远庙、普佑寺、普宁寺、须弥福寿之庙、普陀宗乘之庙、殊像寺、广安寺、罗汉堂、狮子园等寺庙与别园，且分别模仿新疆、西藏等地少数民族建筑造型，以及山海关以内各地建筑风格，崇巍瑰丽，与山庄建筑，呼应争辉。试登离宫北部界墙之上，自东及北，诸庙尽入眼底，其与离宫几形成一空间整体，蔚为一大风景区。

用"移天缩地在君怀"这句话来概括山庄，可以说体现已尽。其能融南北园林于一处，组各民族建筑在一区，不觉其不协调不顺眼，反觉面面有情，处处生景，实耐人寻味。故若正宫、月色江声等处，实为北方民居四合院之组合方式，而万壑松风、烟雨楼等，则运用江南园林手法灵活布局。秀北雄南，目在咫尺，游人当可领略其造园之佳妙。

169

园史偶拾

　　苏州留园为明清江南名园之一，现在又列为全国重点文物，是大家所熟悉的。都知道它的历史原为明代徐泰时（囧卿）的东园，清嘉庆间为刘恕（蓉峰）所得，以园中多白皮松，故名寒碧山庄。刘爱石成癖，重修此园，其中的"十二峰"为园中特色。同光间为盛康购得，易名留园。其中假山的真正设计与建造者究为何人，从明代以来一直被埋没了。如今我来介绍一下这园的叠山师——周秉忠。

　　明代《袁中郎游记》上说："徐囧卿园（即今留园），在阊门外下塘，宏丽轩举，前楼后厅，皆可醉客。石屏为周生时臣所堆，高三丈，阔可二十丈，玲珑峭削，如一幅山水横披画，了无断续痕迹，真妙手也。堂侧有土垄甚高，多古木。垄上有太湖石一座,名瑞云峰,高三丈余,妍巧甲于江南,相传为朱勔所凿。才移舟中,石盘忽沉湖底,觅之不得,遂未果行。后为乌程董氏购去,载至中流,船亦覆没,董氏乃破资募善没者取之,须臾忽得,其盘石亦浮水而出,今遂为徐氏有。"(并见《桐桥倚棹录》)这段记载除指出假山作者外,并可说明今日留园中部及西部的假山,尚存当日规模,可与王学浩《寒碧山庄图》互相参证。唯这太湖石"瑞云峰"已移至城内旧苏州织造府中。

江进之《后乐堂记》:"太仆卿渔浦徐公解组归田,治别业金阊门外二里许,不佞游览其中,顾而乐之,题其堂曰后乐堂。堂之前为楼三楹,登高骋望,灵岩天平诸山,若远若近,若起若伏,献奇耸秀,苍秀可掬。楼之下北向,左右隅各植牡丹、芍药数十本,五色相间,花开如绣。其中为堂凡三楹,环以周廊,堂墀迤右,为径一道,相去步许植野梅一林,总计若干株。径转仄而东,地高出前堂三尺许,里之巧人周丹泉,为叠怪石作普陀天台诸峰峦状。石上植红梅数十株,或穿石出,或倚石立,岩树相得,势若拱遇,其中为亭一座,步自亭下,由径右转,有池盈二亩,清涟湛人,可鉴须发,池上为长堤,长数丈,植红杏百株,间以垂杨,春来丹脸翠眉,绰约交映。堤尽为亭一座,杂植紫薇木樨、芙蓉、木兰诸奇卉。亭之阳,修竹一丛,其地高于亭五尺许,结茅其上。徐公顾不佞曰:此余所构逃禅庵也。"案:徐树丕《识小录·四》:"余家世居阊关外之下塘,甲第连云,大抵皆徐氏有也。年来式微十去七八……"徐氏在阊门占有东园(今留园)西园、紫芝园等,颜堂曰后乐堂。尤为难得者，知后乐堂叠山即东园者同出周秉忠（丹泉，时臣）之手。紫芝园王百穀有记，记中未言后乐堂。江进之，名盈科，楚之桃源人，明万历间为长洲（今苏州）令，工文。袁小修为作《江进之传》。

按《吴县志》所载，韩是升《小林屋记》："按郡邑志……台榭池石皆周丹泉布画。丹泉名秉忠，字时臣，精绘事，洵非凡手云。"小林屋即今日苏州现存园林之一的惠荫园（洽隐园），在南显子巷，其中水假山委宛曲折，为国内的罕例。又据明末徐树丕《识小录》上说："丹泉名时臣……其造作窑器及一切铜漆物件，皆能逼真，而妆塑尤精，……究心内养，其运气闭息，使腹如铁。年九十三而终。"可见他除工叠山外，又是画家与工艺家。依上面的两段记载而论，他生活的年代，当是明末的大部分时期了。同时惠荫园水假山堆叠时代亦可确定了。周秉忠的儿子"一泉名廷策，即时臣之子，茹素，画观音，工叠石。太平时江南大家延之作假山，每日束脩（工资）一金……年逾七十，反先其父而终。"（见《识小录·四》）是一个继承他父亲技艺的叠山师，从"反先其父而终"一语来看，周秉忠的一些作品，必然有许多是他们父子二人合作的结晶了。

苏州怡园，建于清末，景多幽雅，名驰江南，园主顾文彬（子山）在建园前，曾购留园，旋让盛氏。其时顾在浙江宁绍道台任上，园的规划皆出其子顾承（乐泉）之手。顾承是画家，设计的很多方面与画友研讨而成。当时画家如吴县人王云（石芗）、范印泉及顾沄（若波），嘉定人程庭鹭等人。都参与了设计工作。藕香榭重建出姚承祖之手。龚锦如，吴县胥口人，世代叠石，曾参与后期怡园山石堆叠，同时亦为狮子林重修假山。相传经营是园的时候，每堆一石，构一亭，顾必拟出稿本与他父亲商榷，顾的曾孙公硕先生说，这些往来书信尚存其家。怡园联对，刻本今不存，皆顾文彬自集宋词，由当时书家分写，原作今藏苏州博物馆。这些当不失为研究园林的好资料。

吴绍箕《四梦汇谈》卷二《游梦倦谈·伪王宫》："……由此又踏瓦砾数重，为伪花园，有台，有亭，有桥，有池，皆散漫无结构。过桥为假山，山中结小屋，横铺木板六七层，进者须蛇行，不能坐立。"此殆即南京太平天国天王府花园。其山中结小屋，颇似扬州片石山房及苏州环秀山庄者，知其有所自也。

苏州西百花巷潘宅（后属程姓）园中，有一海棠亭（今移至环秀山庄），其建筑结构形式是国内唯一孤例，是件珍贵文物。亭式如海棠，柱、枋、装修等皆以海棠为基本构图。过去东西两门都能自行开合，有人入亭，距门一步余，门即豁然洞开，入门即悠然自合，不须人力，出门也自行开闭。后因机件损坏，竟无人能修（见《吴县志》）。《哲匠录》曾引《吴县志》的记载，指出建亭人为一清代佚名工匠某甲，但未指出亭之所在地点。不久前我访问了苏州香山老工人贾林祥同志，据他说，该亭为清康熙间香山人徐振明所建。徐为康熙间名匠，苏州马医科申文定公牌楼（今移北寺塔前）之修理亦出其手。

据说他建造这亭，没有完工，尚缺挂落、吴王靠（前者是檐下的装饰，后者是亭四周上的座椅）等部分构件。为人有正义感，不肯屈身服侍统治阶级，生活寒苦，晚年潦倒，近六十岁时病死街头。他的悲惨遭遇，仅是旧社会罪恶统治下的许许多多民间工匠艺人中间的一例而已，应当把这些事例列入苏州园林史料之中。

北京颐和园的假山，从未有人谈其作者。耿君刘同告我，颐和园史料中有此一则："乾隆十五年（1750 年）、十六年（1751 年），口谕内务府造办处朱维胜叠清漪园（颐和园前身）乐安和（扇面殿）假山。乾隆十五、十六年上谕杨万青通晓园庭事务，主管清漪园工程，授郎中，后又撤职。"诚为研究颐和园及我国叠山史的重要资料。

如皋汪氏文园，夙负盛名，然毁已久，莫能明其结构之精。案清钱泳所著《履园丛话》卷二十："如皋汪春田观察，少孤，承母夫人之训，年十六以资为户部郎。随高宗出围，以校射得花翎，累官广西、山东观察使。告养在籍者二十余年，所居文园，有溪南、溪北两所，一桥可通。饮酒赋诗，殆无虚日。"春田《重葺文园诗》："换却花篱补石阑，改园更比改诗难；果能字字吟来稳，小有亭台亦耐看。"可证当日经营用力之专，宜其巧具匠心也。1962 年春，余拟作"文园"遗址之勘察，奈阻雪泰州，兴废而返。路君秉杰得《如皋汪氏文园绿净园图咏》印本，其偿我昔愿之未果耶？

　　姚祖诏跋两园图云："案《如皋县志》，文园在治东丰利镇，镇人汪之珩筑，绿净园，在文园北，其子为霖筑。然观其孙承镛两园记。则文园在雍正初为之珩乃父澹庵所辟课子读书堂，即澹庵课之珩处也。绿净园后于文园六十年，为霖以事母及觞咏之所，初欲通两园为一，而终尼于忌者。之珩好学不仕，网罗乡献，辑《东皋诗存》四十八卷。……谓文园为之珩所筑或以此而致误也。为霖官至山东督粮道。亦尝与东南名流相往还，而绿净之名不逮文园远甚。承镛当道光间，既自作记，复梓季耘（标）所绘图，以永先迹。时文园已荒废莫治，绿净亦风雅消歇。"钱泳于"道光（二年）壬午（1822年）三月……绕道访文园，时观察（汪春田）年正六十，发须皓然矣。"（《履园丛话》卷二十）春田名为霖。

　　此园为戈裕良所重修者（据《履园丛话》卷十二），景中小山水阁溪泉作瀑布状，自上而下曲折三叠，洵画本也，直拟之园中，今南北所存诸园无此佳例。无锡寄畅园之八音涧，修理中未按原状，已失旧观矣。石矶堆叠自然，亦属佳构。

　　仪征朴园亦戈裕良所构筑。园主巴君朴园、宿崖兄弟，凡费白金二十余万两，五年始成。园甚宽广，梅萼千株，幽花满砌。其牡丹厅最轩敞。假山形式"有黄石山一座，可以望远，隔江诸山历历可数，掩映于松楸野戍之间。而湖石数峰，洞壑宛转，较吴阊之狮子林，尤有过之，实淮南第一名园也"。钱泳推崇如此，见《履园丛话》卷二十。此园之假山乃兼黄石、湖石二者之长，高山以黄石，洞曲以湖石，各尽其性能也。至于借景隔江，亦效扬州平山堂之意。园在仪征东南三十里。

龚自珍谓巴姓为徽州大族。迁扬州者多以业盐致富。今扬州尚存巴总门之大住宅。

南京瞻园重修于 1939 年，石工为王君涌。杨寿楣《记石工王君涌》："王君涌，金陵人，居城西凤台巷。业莳花卉，而尤工叠假山。己卯（1939 年）冬，余承乏宣房，葺瞻园为行馆。园故徐中山王邸第，石素擅称，自后之修者，位置错乱，顿失旧观，又经丁丑（1937 年）事变，欹侧倾颓，危险益甚，乃招君涌为整治之。君涌老干事，举所谓三宜五忌者。言之成理，累然如数家珍。故凡峰壑屏障，一经其手，辄嶙峋育篠，几令人有山阴道上应接不暇之观。盖虽食力小民，固胸有丘壑，兼于重量配置，别具特识，有隐合近代科学之原理者。问其年，六十年有四，且有子子兴，能世其业矣……"

"梓人武龙台，长瘦多力，随园亭榭，率成其手。癸酉（1753 年）七月十一日病卒。素无家也，收者寂然。余为棺殓，瘗园之西偏。"（见袁枚《小仓山房诗集》卷九《瘗梓人诗》小序），此为随园建造者之一，幸传焉。

《泾林续集》载："世蕃于分宜藏银，亦如京邸式，而深广倍之。复积土高丈许，遍布桩木，市太湖石，累成山，空处尽栽花木，毫无罅隙可乘，不啻万万而已。"世蕃为明严嵩子。江西分宜人，其京邸窖藏为深一丈五尺。此亦假山之别例也。

贫女巧梳头

梓室谈美

郁达夫在《日本的文化生活》中写道："日本人的庭园建筑、佛舍、浮屠，又是一种精致简洁，能在单纯里装点出趣味来的妙艺。甚至家家户户的厕所旁边，都能装置出一方池水，几树楠木，洗涤得窗明宇洁，使你闻觉不到秽浊的熏蒸。"作者为文学家，但寥寥数语真建筑行家之谈。"单纯里装点出趣味来的妙艺"，道出日本建筑的精神。

唐人张泌寄人诗："别梦依依到谢家，小廊回合曲阑斜；多情只有春庭月，犹为离人照落花。"此真写庭园建筑之美，回合曲廊，高下阑干，掩映于花木之间，宛若现于目前。而着一"斜"字又与下句"春庭月"相呼应。不但写出实物之美，而更点出光影之变幻。就描绘建筑言之，亦妙笔也。余集宋词有：

"庭户无人月上阶，满地阑干影。"（见拙编《苏州园林》）视张泌句自有轩轾，一显一隐，一蕴藉一率直，而写庭园之景则用意差堪似之。

清人江湜诗："秀难掩弱怜玄宰（董其昌），熟始呈能陋子昂（赵孟頫）。"评董、赵两家之书法真入骨三分。"秀难掩弱"四字真堪玩味。书画忌"俗、熟、浊"，难于"清、新、静"，而"重、拙、大"。则最为上乘矣。

恽寿平云："山从笔转，水向墨流。"此谓山水画之高超纯熟境界。又云："董宗伯（其昌）云，画石之法曰瘦、透、漏，看石亦然，即以玩石法画石乃得之。"余谓园林选石叠石亦然，其理一也。余曾云，书画石刻，能做到"用笔如用刀，用刀如用笔"，"软毫写硬字，坚毫写软字"，则能转刚为柔，化柔为刚，以事物之转化，达运力之能事，产生更好之效果与美感。

恽寿平云："青绿重色，为浓厚易，为浅淡难。为浅淡易而愈见浓厚为尤难。"恽氏此论极精，所谓实处求虚，虚处得实。淡而不薄，厚而不滞。是种境地，诚从千百次实践中得之。余云作淡青绿山水，必先从浅绛山水中求之，浅绛山水又从墨笔山水中得之。盖色者敷也，副也。接气之用耳，画之精神全在笔墨中。所谓"真"才是美。

俞樾在清光绪初建苏州曲园（今半废，叶圣陶、顾颉刚、俞平伯诸先生建议重修），因地形为曲形，与篆文🔲（曲）字相似，故名"曲园"。其中凿一凹形之小池，又与篆文🔲（曲）字相似。命其亭为"曲水亭"。此用中国文字形式之美，作为设计之主导思想而构思成园者。俞平伯先生为曲园老人（俞樾）曾孙，久居北京，念故园，嘱余写曲园芙蓉折枝。赋诗为报："丹青为写故园花，风露愁心恰似他；闻道曲园智井矣，一枝留梦到天涯。"真红学家之笔也。

恽寿平云："元人园亭小景，只用树石坡池随意点置以亭台篱径，映带曲折，天趣萧闲，使人游赏无尽。"此数语可供研究元代园林布局之旁证。故余曾云，不知中国画理，无以言中国园林。

沈括《梦溪笔谈》："画牛虎皆画毛，惟马不画毛。"是论极有见地，余谓马之佳者，其毛细而贴身，望之光润，设一添毫便无骏气。尝见唐宋人画仕女发，乌黑平涂，望之如生。而神仙少须必笔笔画出。盖密浓者不能以碎笔为之，疏稀者必以繁笔达之，繁以简来概括，简以繁来表达，在艺术处理中，很多存在此理。

"凡观名迹先论神气，以神气辨时代，寓源流，考先后，始能画一而无失矣。"此恽寿平论鉴赏古画之法，实则品题任何艺术品皆然。所谓气者，为物之概括全面反映，所谓从整体来观察事物。人们常言，"一见钟情"，辛弃疾词中之"乐莫乐新相识"，在着眼于第一面之最好印象。世间最美者亦在于此一瞬间。而《西厢记》所说："怎当他临去秋波那一转。"则又是在相反的情况下出之。其隽永印象一也。

挑灯偶读，掇拾一二，聊供夜谈而已。

1980 年春写

为园林取名

　　屈原在《楚辞》上写着:"皇览揆于初度兮,肇锡余以嘉名,名余曰正则兮,字余曰灵均。"说明人生下来就要取一个好名字。当然园林建成也同样要取一个好名字。

　　我国古代园林取名是相当费推敲的,我说园名就包含着内美,有深刻的含意,寓之以德。怡园根据"兄弟怡怡"那句诗来命名,沧浪亭之名,则出于"沧浪之水清兮可以濯吾缨"之句,在我看来,园名总以谦抑为好,如半园、芥子园、半亩园、残粒园、可园、近园等,多么含蓄,所谓"谦受益",予游者以不尽之意。

　　上半年到苏州开城市总体规划会,因为两年多未到吴门。要我去参观虎丘新建成的"万景园",这使我不觉一跳,虎丘小

颐和园

颐和园是以杭州西湖为蓝本，精心模拟，故西堤、水岛、烟柳画桥，移江南的淡妆，现北地之胭脂，景虽有相同，趣则各异。

恭王府

恭王府在什刹海银锭桥南，是北京现存诸王府中，结构最精，布置得宜，且拥有大花园的一组建筑群。

阜耳，居然能造得万景园，哪知道是个山麓的盆景园，真是狮子大开口，用万景以名之（就是盆景亦无万数），听说"赐名"与"题名"出自某大书家之费心费力，叫我啼笑皆非了。我戏谓同游者，此园若改名"半景园"或"半山园"则似乎得体，如今"万景园"三字，不但清代皇帝造圆明园时不敢用。上海造西郊公园也不敢用，如今却在虎丘山下，向游人"亮相"，其反传统名园命名之道极矣。

我也听得有人在叫苏州有个"万金园"，那与万金油同名了，必定畅销全球无疑。其实万金油今日已改为清凉油，谓它有用，处处可搽，说它无用，处处不灵。那么，"万景园"说它有景，则如万花筒，过眼即逝。说它无景，有似万金油，清凉一时。多即是少，过分地夸张，是要使游者失望的。必也正名乎？"文化"二字不可不慎哉！

1983 年 9 月

说　景

　　五月的江南，绿染芳郊，小径虽然红稀，但还有些闲花点缀着，郊游并没有过时。北京赵朴初老人来上海，他那慈祥的笑容中，希望我陪他同去青浦金泽镇勘查颐浩寺遗址，因为同行的真禅和尚发愿重建。所以有幸作了一天小游，在那天下午还畅游了淀山湖。

　　淀山湖的大观园，老实说兴趣不大，因为本来大观园是宅园，如今以郊园方式出之，是否"得体"有待商榷，而且我最讨厌的是那大门口照壁浮雕上戴了胸罩的十二金钗，令人啼笑皆非，但转思一下，也便释然，好在淮海路有家古今胸罩店，可能是这家店里出售的古胸罩吧。

　　一个人不能没成见，但成见有时是可能转化的。大观园建塔，来征求过我的同意，亦商量过方案，可是造成后我却没有去过。这次从金泽镇发车，远远地望见了这浮图便引起了我的遐思，解除了过去进得园来、方知春色如许的心理。使我进一步明白了西湖为什么造雷峰、保俶两塔，又为什么水网地带有那么多的塔，航标也罢，镇风水也罢，但我简单的感觉，大观园有了此塔是引景引人，这一笔将整个画面般的景区点活了。

可能酸丁积习未消，简化字没有学好，常常在风景与园林中，挑三剔四，自觉罪过，但不信在大观园匾额中，居然出现了"有凤来仪"，可能我老眼昏花，亦可能是简化了吧，但"有凤来仪"的"凤"用繁体字来写与风字的差距还是大的（鳳、風），也可能书者未错，做字的人"偷工减料"了，但是主其事的又何至不经心如此呢？建园难、造园难，"屋肚肠"（内部陈设）更难，匾对书画摆设最难，我不希望园林中的室内布置像文物商店，这是一门学问，要有考证，要细细推敲，尤其是有历史性的园林。

闲话少说吧！匆匆下船，在下船前，我已为大观园的塔所陶醉了，本来淀山湖无山，只有余下八公尺高的淀山，大观园不突出，没有仰视的借景，如今不论走到哪个院中，却能见到如此秀挺的塔影，可说是移步恋人。偌大的园子，感到亲切，不空旷，看游人也觉得它好，但可惜他们说不出道理来，只能是"相看好处无一言"。到了船上，穿出拱桥，回望大观园，真可说是"面面有情，环水一塔塔映水"，这个半岛绿得如水晶盆中的碧螺，而塔呢，秀出云表，从塔的引人风姿，使我联想到塔下的园林，我的感情就是环绕着这塔的四周，我愿化为水中的水草、游鱼，能朝夕在这塔影的怀抱中荡漾着。我斜倚船舷，浮上了种种幻想，我憎恨水浪打破了塔影，我从塔上的日照的移动，船行时所形成塔与景不同的变化，从图中的静观，到水上的动观，这八角形的多面体，处处随人，实在太可爱了。本来这塔是水塔，设计者仿北京大学未名湖的塔而构思成的，可是如今因选址得宜，效果远远超过前者。北京大学现在环校皆高楼也。将来未名湖的塔，无出头之日了。深望大观园四周，淀山湖四周，不要再造那出人头地的高楼了，那么大观园塔，将永远留在游人的心目中，将有多少的诗篇、多少的画本来歌颂赞美它。

雨狂风色暴，梅子青时节，小斋中枯坐，几日前的清游，暂时的浮思，亦不过是佛家所谓的求解脱吧！

说"屏"

　　"屏"我们一般都称为"屏风",这是太富有诗意的名词了。记得童年与家人纳凉庭院,母亲总要背诵那句"银烛秋光冷画屏,轻罗小扇扑流萤"的唐人诗句,够销魂了。后来每次读到诗词中的咏"屏"佳句,见到古画中的"屏",更令人向往。因为研究古代建筑,更接触到这"似隔非隔"、在空间中起着神秘作用的东西,实在微妙。我们的先人,能在"屏"上做这种功能与美相结合的文章,怪不得今日世界上,外国人还齐声称道着,关键是在一个"巧"字上。

　　"屏"有室内、室外之分,过去的院子或天井中,为避免从门外直望见厅室,必置一屏,上面有书有画,既起分隔作用,又有艺术处理,而空间实际还是流通的,如今称为"流动空间"，并且还具挡风的作用。小时候厅上来了客人，就先在屏后去望一下，尤其旧社会有男女之嫌的，对方不能露面，必得借助屏风了。古代的画中常见到室内置屏，它与帷幕起着同一作用。在古时皇家的宫廷中，屏就用得更普遍了。"屏山几曲篆烟微，闲庭柳絮飞""曲曲屏山，夜凉独自甚愁绪""画屏闲展湖山翠"，这些皆在屏上做文章，描绘出了建筑美。

从前女子的房中，一般都要有"屏"，屏者，障也，可以缓冲一下通道与视线，《牡丹亭·游园》中有"锦屏人忒看得韶光贱"，用锦屏人来代表闺女。当然，由于屏的建造材料与其装饰华丽程度不同，有金屏、银屏、锦屏、画屏、石屏、木屏、竹屏等等，在艺术上因而有了雅俗之分，同时也显露了使用人的经济与文化水平。

屏也有大小之分，从宫殿、厅堂、院子、天井，直到书斋、闺房，皆可置之，因为所处地点不同，自然因地制宜、大小由人了。近来我也很注意屏的应用，在许多餐厅、宾馆中也用得很普遍，可是总勾引不起我的诗意，原因似乎是造型不够轻巧，色彩又觉伧俗，绘画尚少诗意。这是因为没有认识到屏在建筑美中应起的作用，仅仅把它当作活动门板来用的缘故。其实，屏的设置，在与整体的相称、安放的地位与作用、曲屏的折度、视线的远近等等，均要做到"得体"才是。

那么，屏是够吸引人了，"闲倚画屏""抱膝看屏山"，也够得一些闲滋味，对恢复紧张的工作疲劳，未始不能起一点文化休憩的作用。聪敏的建筑师、家具师们，以你们的智慧，必能有超越前人的创作，则我的小文，岂徒然哉！

说"帘"

初夏天气，窗前挂上了竹帘，小斋的境界，分外地感到幽绝，瓶花妥帖，十分宜人。这小天地起了变化，还不是这帘在起作用吧！

说起帘，这在中国建筑中是起着神秘作用的东西，说得率直点，即所谓诗情画意，而诗情画意又非千篇一律，真是变化无端。上个月老妻去世了，"碧楼帘影不透愁，还是去年今日意"。去年的今日，她卧病家中，而今日已是人去楼空。我踏入她的卧室，见了帘影依然，就吟出了古人这句词来。与那句"重帘不卷留香住"的少年情怀，真是伤心人唯有自家知了。

帘在建筑中起"隔"的作用，且是隔中有透，实中有虚，静中有动，因此帘后美人，帘底纤月，帘掩佳人，帘卷西风，隔帘双燕，掀帘出台，等等，没有一件不教人遐思，引人入画。

记得在"文革"中失去的数十封女作家凌叔华写给诗人徐志摩的信，是用荣宝斋特制的花笺，画的是帘影双燕，毛笔小楷出之，文情令人魂销。当年的作家们是如此高雅绝俗，而今事隔几十年，她远客英伦，八十多岁的老人提起此事，还分明记得呢！

"垂帘无个事，抱膝看屏山"，古人在建筑中，帘与屏两者常放在一起，都是起不同的"隔"的妙用。帘呢？更是灵活了，廊子里、窗上、门上、室内，有了它，就不一样，慈禧太后垂帘听政，也要装上帘；外国妇女的面纱，也仿佛是帘。因帘而产生了许多故事："珠帘寨""水帘洞"，以及一些因帘而产生的许多韵事，真是洋洋大观。我说，帘与恋音同，帘者，恋也，因物生情，也可说是帘的妙解了。

"隔帘双燕飞"是我在儿时最爱欣赏的画本。如今城市空气污染，燕子绝迹了，闷人的塑料窗帘，清风畏至。而帘呢？珠帘太豪华，徐森玉老先生告于我，清代的山西老财家，还是用它。水晶帘没有见到过，那最细的要算虾须帘，如今已入著名博物馆。单就湘帘、竹帘来说，通风好，隔景好，帘影好，遮阳好，留香好，隔音妙，而且分外雅洁……几乎好说有帘如无帘，可说是有景与无景，静止的环境，产生了动态，而动态又因声、光、影、风、香……起了千变万化的幻境，叹为妙用啊！

帘的美，还要配合着帘钩、帘架，"百尺虾须上玉钩"，虽未说出什么帘架，想来也不会太寒酸的。至于"草色入帘青"，疏帘听雨，那也必然是很雅洁的竹帘了。"珠帘暮卷西山雨"，只能在滕王阁上方得体。帘上绣花的绣帘，缺少空透，棉帘、布帘，只求实用。而帘上画画称画帘，但我总不太欣赏它，似乎多此一举，用假景来扰乱真情了。素帘起的变化，那真是移步换影了。

贝聿铭香山饭店设计建成，邀我小住，窗上装有竹帘，这迷人的山居，添上这迷人的帘影，不愧为出于大师手笔，他对中国文化是有深厚的感情，小至一帘，也不肯轻易放过。我在录音机中放出了昆曲《琴挑》，华文漪的那句"帘卷残荷水殿风"唱词，正仿佛帘动风来，客中寻趣，我则得之了。

今日的建筑师、园林师们，似乎将帘已抛出九霄云外了。我总感到中国人的用帘，不仅仅是一个功能问题，它是蕴藏着深厚的文化在内的。

说 "影"

老妻离开人世已两个月，上周我将她的灵藏送去了葬地，默默地作别，口成"花落鸟啼春寂寂，树如人立影亭亭"。墓地上有一棵枫树，我悄立在树影下，偶尔传来一二声鸟叫，环境凄恻得令人泪下，这联便是深刻印象的写实。

影这个神秘的东西，虚得令人可爱、可歌、可泣，它在不同的环境中幻成不同的感触，如果文学中没有一个影字的话，那不知有多少名作不存在了。宋代词人张子野，人称他为"张三影"，就是巧妙地在三个不同场合中，灵活运用了三个"影"字，遂成千古绝唱。

在中国园林中，构景有虚有实，而影呢，又是虚景中的主要角色，文学中描绘的影，用到造园上去，而园林中的影又产生文学作品。虚的美往往比实的美来得更动人。精神的高尚情操则又比"实惠"来得有意义。我这个人似乎太不近人情了，爱赏云、听风、看影、幻想、沉思，而影呢？则又是其中最使人流连的。

"花影压重帘""云破月来花弄影"，当然是名句了，如果有心的话，多看一些文学作品，以影而成名的，真不乏其人。朱自清先生的《背影》不是近代文学创作上的不朽之作吗！从花影、树影、云影、水影，以及美人的倩影，等等，能引人遐思，教人去想。能够想的东西，至少是值得难舍难抛的。"五七干校"的生活，回忆起来还是心有余悸，但是歙县山居的斜日梨影、初月云影、练江波影、黄山山影，以及村上的人影，我常常独坐中对这些景物在神往中，大自然中的变幻是世上最美丽而难以描绘的图画。

聪敏的建筑师，是最懂得影的，檐下的阴影、墙面凹凸的块影、壁面的竹影、花影，等等，绝对不肯轻易放弃而使建筑物趋于平直。因此国外的建筑物摄影，总是用黑白片来拍摄，它的效果要比彩色片来得清，真正地能够表达建筑美。

爱打扮的女人们，如今在眉间眼上，要抹深色的化妆品，使阴影加深，眉眼的变化更妩媚动人，尤其在灯幻下更显出那秋波一转的风神。

摄影家爱利用侧光、阴影；画家喜用水墨、素描，充分发挥光影效果。我从前拍摄过一张拙政园照，集宋词题了"庭户无人月上阶，满地栏杆影"。这样一点园林的诗情画意出来了，这两句宋词不也是由影所联想起来的吗？

我爱疏影、浅影，最怕黑影。小城春色，深巷斜影，那半截粉墙，点缀着几叶爬山虎，或是从墙内挂下来的几朵小花，披着一些碎影，独行其间，那恬静的境界，是百尺大道上梦想不到的。我曾徘徊在纽约、香港大楼下，享受过黑影的沉郁、冷酷、沉闷，触动了我乍起的乡愁。如今我们新村也高楼林立了，那一片片的黑影，拒绝了我信步的雅兴，神秘而富有诗意的影，如今渐渐地趋向不讨人欢喜了。

夜凉如水，孤灯荧荧，随笔写了这些"影"话，"影"是美不可缺少的组成部分，是虚得美，可是我们往往是注意得不够，相反电光、霓虹灯，用人为造成了许多近乎庸俗的景观，使人感到刺激太过，不能不引以为戒。这其中可能有值得很多深思的地方，恕我不多赘了。

说 竹

苏东坡有一首咏竹诗写的是"宁可食无肉，不可居无竹，无肉令人瘦，无竹令人俗"。这位老先生原是一位食肉的，如今西湖上酒菜馆中以"东坡肉"与"宋嫂鱼"（醋鱼）齐名，但是在肉与竹两者处理上有矛盾时，东坡先生宁可食无肉了，那几竿清逸的修竹，在他的居处却是不可缺少的呢。东坡先生之所以成为东坡先生，他不肯轻易抛去雅趣。

最近日本征求一个住宅竞赛的方

墨竹图（陈从周）

案，提出要能见到四季皆有的突
出的景观，不少师生问"盲"于
我。在一些人的心目中院子中有
四季名花，不是很容易解决吗？
我说这似乎太容易与简单，园林
贵深，立意在曲，要给欣赏者能
耐想、耐看。因此说到了竹，人
们以为竹是无花的常绿植物，哪
有四季可言，但是这是直觉，没
有经过思想，也没有细致观察与
欣赏，更谈不到竹与环境及四时

百岁免俗图（陈从周）

光影变化，等等，似太简单化了。日本人与我国古代人最爱竹，
入宅、入园、入画、入文、入诗，真可说是雅极了。春天雨后
新笋，新篁得意，"新笋已成堂下竹，落花都入燕巢泥"。是何
等的光荣呢？如果在竹边加上几块石笋作为象征性的笋，一真
一假，更是引人遐思了。夏日翠竹成林，略点湖石万竿烟雨，
宛如米家山水小品。秋来清风满院，摇翠鸣玉，其下衬以黄石
一二，益显苍老，而色彩对比尤觉清新。及冬雪压柔枝，落地
有声，我们如果用白色的宣石安排其下，则更多荒寒之意。我
们知道庭园中栽竹，总不离粉墙，粉墙竹影，无异画本。随着
四季日照投影不同，而画本日日在变，万物静观，自得其中。
至于竹本身的荣枯，亦非四季雷同也。谁说竹是简单的植物呢？
而画家之笔，诗人之句，真是道出竹的品格与无处不宜人的风姿了。

　　友人李正工程师，他在无锡惠山下设计了一个杜鹃园。博得了中外好评，我题了"醉红坡"三字以宠之。可惜杜鹃花时似乎太短暂了一点，我觉美中不足。我早说过"园以景胜，景因园异"，我建议不妨再搞一个别具一格的竹影园，遍青山无处无"此君"（竹又名此君），楼、廊、亭、阁、匾对以至用具皆以竹出之，惠山竹炉煮泉，韵事流传，引为佳话，亦可赓续，予旅游者平添清趣。想来还有几分构思吧！我希望能早日实现，拭目以待也。

说　兰

　　小斋内夏兰开了，竹帘上映上了几叶兰影，恬静得使人可以入定，静中有动，偶尔忆起吕贞白先生题我画兰的两句诗："倘有幽香能入梦，人间春梦已迷离。"他见兰而赋悼，如今我正与他当年相仿佛，更觉得这诗太凄婉太感人了。兰香是世上最高雅的香，隐而不显，往往于无意中闻到，而从香中引出你绵邈的遐思，其神秘处就在这里。因此在花中我最喜欣赏它，那坚韧碧绿的修长叶子，洁白如玉的花朵，迎风婀娜的舞姿，淡逸中没有一点纤尘，品自高也，它不与寻常花朵那样，养花一年，看花十日，保养得好，一次花可开半月以上不谢，持久的芬芳，悠长的情谊，对我来说，是受到很大的感染。中国人爱画兰，是世界上独特的艺术，与书法一样，纯粹草绿笔墨的表现，没有书法功夫，没有从简单中寓复杂的构图，无深淡对比的能力，那就画成韭菜烧黄蜂了，得到的画面是一个乱字，如今画兰的画家逐渐少了，也许是画家在书法上用力疏忽了吧！

兰芳高洁图（陈从周）

现在人们将昆剧比作兰花，喻其高雅，这一来，仿佛昆剧是曲高和寡了，和兰花一样，爱好者仅数人了。其实兰花称兰草，江南山间随处都有，正如过去昆剧是一种极普通的剧种，深入民间、宫廷，兰花，群众喜爱它，人们将女孩子取名叫兰芳、兰香、秀兰等等，并没有什么了不得，不过人们欣赏水平高，爱此雅致的花与剧种而已。戏剧界有句老话，叫"昆底"，就是戏要演得好，必须有昆剧底子。当年梅兰芳、程砚秋、姜妙香等先辈都是演昆剧的能手，俞振飞老先生更不用说了。兰花有其普遍性，也有其高雅性，亦正如当年的昆剧一样。随着时代的流转，有些人数典忘祖了。不能不使我见了兰花絮絮叨叨说了这些，也许青年们会说我太迂了，但是历史与现实不也正是如此吗？

我们传统的住宅，在江南家家有个小天井，天井的日照半阴半阳，在适宜的湿度，盆栽兰花能安此境。早春有春兰，长夏有夏兰，入秋有秋兰，幽静的庭院，妥帖安排了几盆兰花，清香乍闻，沁人心脾，因为庭院往往是周以墙屋，宜香之不四溢，持久而弥漫。江南人爱兰花，在庭院拍曲，那是最高尚的文娱生活啊！我就是偶然在苏州这样一种境界里，从兰花爱上了昆剧。中国的文化与美学思想有其连锁性，因兰而可以涉及昆剧，昆剧之美又与园林美相通，园林又是重诗情画意的，兰花喻高尚品德，而演剧与造园亦必须寓之以德，这些有其共性，但同时又发挥了不同个性。虽然我今天仅仅说说兰花，假如引用楚辞上屈原对它的歌颂，那太多了。"余既滋兰之九畹兮，又树蕙之百亩"，用屈原的话做结束吧！

如来之相（陈从周）

建筑中的"借景"问题

"借景"在园林设计中，占着极重要的地位，不但设计园林要留心这一点，就是城市规划、居住建筑、公共建筑等设计，亦与它分不开。有些设计成功的园林，人入其中，翘首四顾，顿觉心旷神怡，妙处难言，一经分析，主要还是在于能巧妙地运用了"借景"的方法。这个方法，在我国古代造园中早已自发地应用了，直到明末崇祯年间，计成在他所著的《园冶》一书上总结了出来。他说："园林巧于因借。""构园无格，借景在因。""因者随基势高下，体形之端正，碍木删桠，泉流石注，互相借资，宜亭斯亭，宜榭斯榭，不妨偏径，顿置婉转，斯谓精而合宜者也。借者园虽别内外，得景无拘远近，晴峦耸秀，绀宇凌空，极目所至，俗者屏之，嘉者收之，不分町疃，尽为烟景，斯所谓巧而得体者也。""萧寺可以卜邻，梵音到耳，远峰偏宜借景，秀色可餐。""夫借景者也，如远借、邻借、仰借、俯借、应时而借"等。清初李渔《一家言》也说"借景在因"。这些话给我们后代造园者。提出了一个很重要的原则。如今就管见所及来谈谈这个问题，不妥之处，尚请读者指正。

"景"既云"借"，当然其物不在我而在他，即化他人之物为我物，巧妙地吸收到自己的园中，增加了园林的景色。初期"借景"，大都利用天然山水。如晋代陶诗中的"采菊东篱下，悠然见南山"，其妙处在一"见"字，盖从有意无意中借得之，极自然与潇洒的情致。唐代王维有辋川别业，他说："余别业在辋川山谷。"同时的白居易草堂，亦在匡庐山中。清代钱泳《履园丛话》"芜湖长春园"条说，该园"赭山当牖，潭水潆洄，塔影钟声，不暇应接"。皆能看出他们在园林中所欲借的景色是什么了。"借景"比较具体的，正如北宋李格非《洛阳名园记》"上环溪"条所描写的："以南望，则嵩高少室龙门大谷，层峰翠巘，毕效奇于前。""以北望，则隋唐宫阙楼殿，千门万户，岩峣璀璨，延亘十余里，凡左太冲十余年极力而赋者，可瞥目而尽也。""水北胡氏园"条："如其台四望尽百余里，而萦伊缭洛乎其间，林木荟蔚，烟云掩映，高楼曲榭，时隐时见，使画工极思不可图，而名之曰玩月台。"明人徐宏祖（霞客）《滇游日记》"游罗园"条："建一亭于外池南岸，北向临池，隔池则龙泉寺之殿阁参差。冈上浮屠倒影波心，其地较九龙池愈高，而陂池掩映，泉源沸漾，为更奇也。"这些都是在选择造园地点时，事先作过精密的选择，即我们所谓"大处着眼"。像这种"借景"的方法，要算佛寺地点的处理最为到家。寺址十之八九处于山麓，前绕清溪，环顾四望，群山若拱，位置不但幽静，风力亦是最小，且藏而不露。至于山岚翠色，移置窗前，特其余事了，诚习佛最好的地方。正是"我见青山多妩媚，料青山见我应如是"。例如常熟兴福寺，虞山低小，然该寺所处的地点，不啻在崇山峻岭环抱之中。至于其内部，"曲径通幽处，禅房花木深"，复令人向往不已了。天台山国清寺、杭州灵隐寺、宁波天童寺等，都是如出一辙，其实例与记载不胜枚举。今日每见极好的风景区，对于建筑物的安排，很少在"借景"上用功夫，即本身建筑之所处亦不顾因地制宜，或踞山巅，或满山布屋，破坏了本区风景，更遑论他处"借景"，实在是值得考虑的事。

园林建筑首在因地制宜，计成所云"妙在因借"。当然"借景"亦因地不同，在运用上有所异，可是妙手能化平淡为神奇，反之即有极佳可借之景，亦等秋波枉送，视若无睹。试以江南园林而论，常熟诸园十九采用平冈小丘，以虞山为借景，纳园外景物于园内。无锡惠山寄畅园其法相同。北京颐和园内谐趣园即仿后者而筑，设计时在同一原则下以水及平冈曲岸为主。最重要的是利用万寿山为"借景"。于此方信古人即使模拟，亦从大处着眼，从掌握其基本精神入手。至于杭州、扬州、南京诸园，又各因山因水而异其布局与"借景"，松江、苏州、常熟、嘉兴诸园，更有"借景"园外塔影的。正如钱泳所说："造园如作诗文，必使曲折有法"，是各尽其妙的了。

明人徐宏祖（霞客）《滇游日记》云："北邻花红正熟，枝压南墙，红艳可爱……"以及宋人"春色满园关不住，一枝红杏出墙来"等句，是多么富于诗意的小园"借景"。这北邻的花红与一枝出墙的红杏，它给隔院人家增添了多少美的境界。《园冶》又说："若对邻氏之花，机分消息，可以招呼，收春无尽。"于此可知"借景"可以大，也可以小。计成不是说"远借""邻借"吗？清人沈三白《浮生六记》上说："此处仰视峰巅，俯视园林，既旷且幽。"又是俯仰之间都有佳景。过去诗人画家虽结屋三椽，对"借景"一道，却不随意轻抛，如"倚山为墙，临水为渠"。我觉得现在的居住区域，人家与人家之间，不妨结合实用以短垣或篱落相间，间列漏窗，垂以藤萝，"隔篱呼取"，"借景"邻宅，别饶清趣，较之一览无余，门户相对，似乎应该好一点罢。至于清代厉鹗《东城杂记》"杭州半山园"条："半山当庚园之半，两园相距才隔一巷耳。若登庚园北楼望之，林光岩翠，袭人襟带间，而鸟语花香，固已引人入胜。其东为华藏寺，每当黄昏人静之后，五更鸡唱之先，水韵松声，亦时与断鼓零钟相答响。"则又是一番境界了。

苏州园林大部分为封闭性，园外无可"借景"，因此园内尽量采用"对景"的办法。其实"对景"与"借景"却是一回事，"借景"即园外的"对景"。比如拙政园内的枇杷园，月门正对雪香云蔚亭，我们称之谓该处极好的对景。实则雪香云蔚亭一带，如单独对枇杷园而论。是该小院佳妙的"借景"。绣绮亭在小山之上，紧倚枇杷园，登亭可以俯视短垣内整个小院，远眺可极目见山楼。这是一种小范围内做到左右前后高低互借的办法。玉兰堂及海棠春坞前的小院"借景"大园，又是能于小处见大，处境空灵的一种了；而"宜两亭"则更明言互相"借景"了。

我们今日设计园林，对于优良传统手法之一的"借景"，当然要继承并且扩大应用的，可是有些设计者往往专从园林本身平面布局的图纸上推敲，缺少到现场做实地详细的踏勘，对于借景一点，就难免会忽略过去。譬如上海高楼大厦较多，假山布置偶一不当，便不能有山林之感，两者对比之下，给人们的感觉就极不协调；假如真的要以高楼为"借景"的话，那么在设计时又须另作一番研究了。苏州马医科巷楼园，园位于土阜上，登阜四望无景可借，于是多面筑屋以蔽之。正如《园冶》所说"俗者屏之。佳者收之"的办法。沪西中山公园在这一点上，似乎较他园略高一筹，设计时在如何与市嚣隔绝上，用了一些办法。我们登其东南角土阜，极目远望，不见园外房屋，尽量避免不能借的景物，然后园内凿池垒石，方才可使游人如入山林。上海西郊公园占地较广，我以为不宜堆叠高山，因四周或远或近尚多高楼建筑。将来扩建时，如能以附近原有水塘加以组织联系，杂以蒹葭，则游人荡舟其中，仿佛迷离烟水，如入杭州西溪。园林水面一旦广阔，其效果除发挥水在园林中应有的美景外，减少尘灰实是又一重要因素。故北京圆明园、三海等莫不有辽阔的水面，并利用水的倒影、林木及建筑物，得能虚实互见，这是更为动人的"对景"了。明代《袁小修日记》云："与宛陵吴师每同赴米友石海淀园，京师为园，所艰者水耳。此处独绕水，楼阁皆凌水，一如画舫，莲花最盛，芳艳消魂，有楼，可望西山秀色。"米万钟诗云："更喜高楼（案指翠葆榭）明月夜，悠然把酒对西山。"此处不但形容与说明了水在该园林中的作用，更描写了该园与颐和园一样的"借景"西山。

园林"借景"各有特色，不能强不同以为同。热河避暑山庄以环山及八大庙建筑为"借景"。南京玄武湖则以南京城与钟山为"借景"，而最突出的就是沿湖城垣的倒影，使人一望而知这是玄武湖。如今沿城筑堤，又复去了女墙，原来美妙的倒影，已不复可见了。西湖有南北二峰，湖中间以苏白二堤为其特色，而保俶、雷峰两塔的倒影，是最足使游人流连而不忘的一个突出景象。北京北海的琼华岛，颐和园的万寿山及远处的西山，又为这三处的特色。他若扬州的瘦西湖，我们若坐钓鱼台，从圆拱门中望莲花桥（五亭桥），从方砖框中望白塔，不但使人觉得这处应用了极佳的"对景"，而且最充分地表明了这是瘦西湖。如今对大规模的园林，往往在设计时忽略了各处特色，强以西湖为标准，不顾因地制宜的原则，这又有什么意义可谈。颐和园亦强拟西湖，虽然相同中亦寓有不同，然游过西湖者到此，总不免有仿造风景之感。

我们祖先对"借景"的应用，不仅在造园方面，而且在城市地区的选择上。除政治经济军事等其他因素外，对于城郭外山水的因借，亦是经过十分慎重地考虑的，因为广大人民所居住的区域，谁都想有一个好的环境。《袁小修日记》："沿村山水清丽，人家第宅枕山中，危楼跨水，高阁依云，松篁夹路。"像这样的环境，怎不令人为之神往。清代姚鼐《登泰山记》所描写的泰安城："望晚日照城郭，汶水徂徕如画，而半山居雾若带然。"这种山麓城市的境界，又是何等光景呢？是种实例甚多，如广西桂林城、陕西华阴城等，举此略见一斑。至于陵墓地点的选择，虽名为风水所关，然揆之事实，又何独不在"借景"上用过一番思考。试以南京明孝陵与中山陵作比较，前者根据钟山天然地势，逶迤曲折的墓道通到方城（墓地）。我们立方城之上，环顾山势如抱，隔江远山若屏，俯视宫城如在眼底，朔风虽烈，此处独无。故当年朱元璋迁灵谷寺而定孝陵于此，是有其道理的。反之中山陵远望则显，露而不藏，祭殿高耸势若危楼，就其地四望，又觉空而不敛，借景无从，只有崇宏庄严之气势，而无幽深邈远之景象，盛夏严冬，徒苦登临者。二者相比，身临其境者都能感觉得到。再看北京昌平的明十三陵，乃以天寿山为背景，群山环抱，其地势之选择亦有其独到的地方。至于宫殿，若秦阿房宫之覆压三百余里，唐大明宫之面对终南山。南宋宫殿之襟带江（钱塘江）湖（西湖），在借景上都是经过一番研究的，直到今天还值得我们参考。

总之，"借景"是一个设计上的原则，而在应用上还是需要根据不同的具体情况，因地因时而有所异。设计的人须从审美的角度加以灵活应用，不但单独的建筑物须加以考虑，即建筑物与建筑物之间，建筑物与环境之间，都须经过一番思考与研究。如此，则在整体观念上必然会进一步得到提高，而对居住者美感上的要求，更会进一步满足了。

《同济学报》建筑版 1958 年第 1 期

贫女巧梳头

——谈中国园林

近几年来世界上掀起了中国园林热，从一九七八年冬，我去美国纽约大都会博物馆筹建"明轩"开始，海外不断地出现了中国园林，这说明了世界上的人对中国文化的爱好，这是值得欣慰的事。但是中国园林在现今时代抱什么态度来对待呢？有的是全部照搬的古典主义者，也有全盘否定的虚无主义者。继承也好革新也好，看来都不够全面。我认为继承与革新两者并不矛盾，没有继承，何言革新，述古可以为今，继往可以开来，盲目的搬移，彻底的否定，也并不是发展的道路。那么中国园林有些什么可继承呢？

一种文化的形成，并不是无本之木，园林应该属于文化范畴，非土木绿化之事，它属于上层建筑，反映了一定的意识形态，由此而产生了园林创作。

中国园林首重意境，即所谓诗情画意，这种诗情画意，与中国的哲学美学文学思想是分不开的，亦就是说园林的设计者有这种思想感情，才能创造出他理想的园林，思想感情变了，爱好有了差异，当然园林产生的意境自然也不同了。

贫女巧梳头（陈从周）

中国园林的那种闲适幽雅，并寓之以德的（就是以园林怡情养性，进行品德教育）超世脱俗的情调，也许可说是主导思想吧！因为要表达这种境界，当然要用许多手法，唐代的白居易在庐山之麓建草堂，以山为借景，尽收眼底，这种巧妙的手法，到明末计成将其总结了出来，可见古人是一直沿用的了。这说得上是一个伟大的创举，它将永远为人们所应用。"风水学"中的"靠山""照山"，亦是借景之别称而已。它不仅在造园与造景上已成为准则，而且在城市规划与居住区设计中也不能忽视。由借景而产生的选址问题、布局问题，都是分不开的，所谓大处着眼、全局观点、因地制宜，运用得好，气势神韵皆出，帝王之都，名园之基，无不首先重视借景。

　　叠山理水，在中国园林其理本与画理相通，就是将自然景物加以概括提炼，做到"虽由人作，宛自天开"。我曾说过"水随山转，山因水清""溪水因山成曲折，山蹊（路）随地作低平"，这就是山水的关系，这种原则不论中西与古今，我想总不会变的吧？建筑物在中国园林中，是占主要地位，这是肯定的，但从园林史来看，我认为它的发展是由少到多，清代的园林建筑比重肯定比元明多，而且运用得更巧妙，空间分隔更灵活，这与造园的速度有关。计成在《园冶》中早说过："雕栋飞楹构易，荫槐挺玉成难。"建造房屋快，树木成长慢，为了力求园林早日竣工，在求得较为好的地形与借景有利的条件下，基地上如有若干大树古木，于是以大量建筑物安排组合其间，名园指日可成矣。苏州留园，在盛氏购入后，便添加了大量建筑物。北京的皇家园林也是越到后期加添的建筑越多。景点的增多，差不多皆与建筑的增多分不开。建筑物在园林中占如此主导地位，在今日造园时还可有所借鉴，它不但在造园上起艺术作用，而且在快速造园这一方面也见显著效果。当然道理是一个方面，而形式表现亦应因地因时而异。我们师其理，而不是用现代建筑材料仿木结构造亭台楼阁。中国园林是悟其理，传其神，生搬硬套，非度人以巧也。因此造园是有法而无式。不明其因焉得其果？

　　我认为中国园林在世界上来说，它是一门综合性艺术，又是综合性科学，其涉及知识面之广，变化之多，不难理解。如果不先从园林理论与园林史入手，进行一些研究，要创作园林，或是另开一条新的造园道路，恐怕有困难，要走许多弯路。目前出现了许多园林小品书，无异于熟食店的冷盆，是做不出整桌名菜的。"宜亭斯亭，宜榭斯榭"，重在宜字，宜就是建造的根据，"体宜"就是造园要得体，得体就是恰到好处，但是做到这一点并不是容易的事，如果没有理论根据，如何下笔？"胸有成竹"方可信手拈来。东施效颦，已为共见。不经过一番理论的研究与分析，要谈继承与革新有若缘木求鱼，于事是无补的。

　　中国造园有其普通的手法，如对比、节奏等等，但是我们要探讨的是它在中国园林中的特殊表现，亦就是同中求不同。我说过"园必隔，水必曲"，这在中国园林中最为常见，然而西方园林用树丛，用流水也可以成隔与曲，但表现的境界却有所不同。中国园林的建筑与假山水池是突出手法，"建筑看顶，假山看脚"，在仰观与俯视上皆起很大效果，如果改用平顶那就感到缺少什么似的，视线只可以平视为主，然而对这类的问题，看法又不一致，尤其今日坡顶的建筑日趋减少，像这种情况，又怎样对待呢？中国的园林，尤其私家园林，范围又那么小，小中见大，含蓄不尽，如果将它放大了，意境随之变更，木结构的亭榭，放大了又不顺眼，苏州拙政园东部那座巨亭就是失败的例子。近年来亦知道大园林不分区不成，亦就是用大园包小园的手法，化整为零，分中有合。这种手法在新园林中正在尝试。我在《说园》中总结出了"动观"与"静观"的理论，这原是古代哲学思想在造园中的体现，我深信不论中西园林，都不自觉地在运用着，至于运用得好与坏，那要看设计者的水平了，但是对"动"与"静"，却不能等闲视之，游有"动""静"，景也有"动""静"，情也有"动""静"，"为情而造文"是文学的高水平作品，同样造园其理一也，故云"情景交融"。世界上哪一个人是没有情的？而情在造园中的应用，则应该说是列于首要地位，在继承和革新的造园事业中，这一点是无法否定的。

近来有许多人错误地理解园林的诗情画意，认为这并不是设计者的构思，而是建造完毕后加上一些古人的题词、书画，就有诗情画意了，那真是贻笑大方了。设计者若对中国传统国画、诗文一无知晓，如何能有一点雅味呢？有一点传统味呢？各尽所能，忽视理论，往往形成了不古不今、不中不西的大杂烩园林。我并不是一个泥古不化的人，如果运用中国造园原理，能出新意，亦是有源之水，因此在现在看来，今后的造园创作，对于中国园林理论与历史的研究，是有助于园林创作事业的。提出这样的观点与大家商量，似乎比较近情理吧。中国的造园理论与手法，有许多与国外相通，尤其是日本园林，但是由于民族的差异，文化、社会、地理等条件的不同，遂各成体系，在运用上，也应该作一番分析，有可移用，有不能移用。功能、形式的产生不是凭空而来的。我们的思想头脑要清晰些。佳者收之，俗者摒之，则万物皆为我所用了。苏东坡有两句诗："贫家净扫地，贫女巧梳头"，对我们园林工作者来说，实在太用得到了，能懂得这诗中的命意，在"巧"字上多下功夫，我相信在造园这门学科中，必大大地向前一步了。

避暑山庄

　　山区建筑宜眺、宜憩，故以小巧出之而多变化。寺庙间列，晨钟暮鼓，梵音到耳。

石榴修竹图（陈从周）

园日涉以成趣

园林清议

　　今天很高兴有机会来与大家谈园林问题和中国园林的特征。中国园林应该说是"文人园",其主导思想是文人思想,或者说士大夫思想,因为士大夫也属于文人。其表现特征就是诗情画意,所追求的是避去烦嚣,寄情山水,以城市山林化,造园就是山林再现的手法,而达明代造园家计成所说"虽由人作,宛自天开"的境界。

　　中国古代造园,当然离不了叠山,开始是模仿真山的大小来造,进而以真山缩小模型化,但皆不称意,看不出效果,最后,取山之局部,以小见大,抽象出之,叠山之技尚矣。明清两代的假山就是遵照这个立意而成的。今天遗下了很多的佳构,其构思也是一点一滴积累而来的。山石之外,建筑、水池、树木，组成巧妙的配合，体现了"诗情画意"，而建筑在中国园林中又处主要地位，所谓亭台楼阁、曲廊画桥，因此谈到中国园林，便会出现这些东西。在这些如诗如画的园林里，便会触景生情，吟出好诗来，所以亭阁上面还有额联，文化水平高者，立即洞悉其奥妙，文化水平低者，借着文字点景便能明白。正如老残到了济南大明湖，看见"四面荷花三面柳，一城山色半城湖"，豁然领会了这里的特色，暗暗称道："真个不错。"

文学艺术往往是由简到繁，由繁到简，造园也是如此。李格非的《洛阳名园记》没有叠石假山的记载。明清时才多假山，假山有洞有平台，水池方面有临水之建筑，有不临水之建筑。佛祖讲经，迦叶豁然了释，而众人却不懂，造园亦具如此特点。明代园林，山石水池厅堂，品类不多，安排得当，无一处雷同。清乾隆时，产生了空腹假山，当时懂得用 Arch[①]，便用少量石头来堆大型假山。到晚清，作品趋于繁缛。然网师园能以简出之，遂成上品。而能臻乎上品者，关键在于悟，无悟便无巧。苏东坡亦是大园林家，他说："贫家净扫地，贫女巧梳头。"净即简，巧需悟，又云："不识庐山真面目，只缘身在此山中。"或曰："欲把西湖比西子，淡妆浓抹总相宜。"这景立即点出来了，造园不在花钱多，而要花思想多。二月间，我到过香港，那里城门郊野公园的针峰一带，正是"横看成岭侧成峰，远近高低各不同"，造园家要能指出与众不同的地方，那么景观便有特色了。

---

　　① 英文，意为拱形结构。——编者注。

清乾隆以前，假山有实砌，有土包石；到乾隆时，建筑粗硕，雕刻纤细，装修栏杆亦华丽了；在嘉庆、道光间，戈裕良总结当时新兴叠山做法，推广了空腹假山。是利用少量山石来叠山，中空藏石室，气势雄健，而洞则以钩带法出之，不必加条石承重，发挥券拱的作用，再配以华丽高敞的建筑物，形成了乾隆时代园林的特色，这种手法，可谓深得巧的三昧。宋代李格非《洛阳名园记》未言叠山，却亦是"巧"的构思，它是利用洛阳黄土地带的特殊性，用土洞、黄土高低所成的丘壑土壁来布置，因此说"因地制宜"是造园的基本要素。太平天国后，社会出现了虚假性的繁荣，假山以石作台，多花坛，叠山的艺术性衰退了，建筑物用材瘦弱，做工华而不实，是一个时期经济水平的反映。过去造园，园主喜购入旧园重整，这是聪明办法，因为有基础，略事增饰即成名园。太平天国后，有些园林中原演昆曲，亭榭厅中皆可利用演出。自京剧盛行后，很多园林就有戏厅戏台的产生。园林中有读书、作画、吟咏、养性、会客等功能外，还掺入了社交性的娱乐功能。然而，娱乐不过是士大夫资本家逢场作戏、炫富的设施而已。

建设大山水池树木本是慢的，苏州留园，在太平天国后修建时，加了大量建筑，很快便修复了。

造园未能离开功能而立意构思的，因为人要去居、游，而要社会经济基础、生活方式、意识形态、文化修养等多方面来决定，其水平高下要视文化。造园看主人，就是看文化，是十分精确的一句话。

　　计成在《园冶》中说过："雕栋飞楹构易，荫槐挺玉成难。"中国园林，越到后期，建筑物越增多，最突出的是太平天国以后，"中兴"将领、皇家都是求速成园，有许多园林，山石花木在园中几乎仅起点缀作用。上海豫园原为明代潘氏园，是士大夫的园林，清代改为会馆，大兴土木，厅堂增多，形成会馆园，园性质改，景观也起变化，而意境更不用说了。文章书画演戏讲气质，园林亦复如是，中国人求书卷气，这一条是中国传统艺术的命脉，色彩方面，要雅洁存质感。假山用混凝土来造，素菜以荤而名，不真了。

　　真善美，三者在美学理论中讲得多了，造园也要讲真，真才能美。我说过"质感存真"，虚假性的，终是伪品，过去园林中的楠木厅、柏木亭，都不髹漆，看上去雅洁悦目，真假山石终比水泥假山来得有天趣，清泉飞瀑终比喷水池自然，园林佳作必体现这真的精神，山光水色，鸟语花香，迎来几分春色，招得一轮明月，能居、能游、能观、能吟、能想、能留客，有此多端，谁不爱此山林一角呢！

　　能留客的园林是令人左右顾盼，令人想入非非的，园林该留有余地，该令人遐想。

　　有时，假的比真的好，所以要假中有真，真中有假，假假真真，方入妙境。

　　园林是捉弄人的，有真景，有虚景，真中有假，假中有真。因此，我题《红楼梦》的大观园"红楼一梦真中假，大观园虚假幻真"之句。这样的园林含蓄不尽，能引人遐思。择境殊择交，厌直不厌曲，造园须曲，交友贵直，园能寓德，子孙多贤，故造园既为修身养性，而首重教育后代，用园林的意境感染人们读书、吟咏、书画、拍曲，以清雅的文化生活，从而培养成正直品高的人。因此造园者必先究理论研究与分析，无目的地以园林建筑小品妄凑一起，此谓之园林杂拼。

中国造园有许多可继承的东西，继承的并非形式，是理论、"因借"手法，因就是因地制宜，借即借景。其他对景、对比、虚实、深浅、幽远、隔曲、藏露……以及动观、静观相对的处理规律，这是有其法而无式，灵活运用，以清新空灵出之，全在于悟。

过去造园，各园皆具特色，亦就是说如作文章：文如其人，面貌各异。现在造园，各地皆有园林管理机构、专职工程师、工程队，所以在风格上渐趋一律，至于若干旧园，不修则已，一修又顿异旧观，纳入相似规格，因此古人说"改园更比改诗难"。我很为若干历史上遗留下来的名园担心，再这样下去的话，共性日益增多，个性日渐减少，这个问题目前日渐突出了，我们造园工作者，更应引起警惕。所以说不究园史，难以修园，休言造园。而"意境"二字，得之于学养，中国园林之所以称为文人园，实基于"文"，文人作品，又包括诗文、词曲、书画、金石、戏曲、文玩，等等，甚矣学养之功难言哉。

此文就我浅见所及，提出来向大家求正，还望有所教我。

此文 1986 年 2 月在香港中文大学报告，
1986 年 9 月修改后在日本建筑学会 100 周年年会报告

园日涉以成趣

中国园林如画如诗，是集建筑、书画、文学、园艺等艺术的精华，在世界造园艺术中独树一帜。

每一个园都有自己的风格，游颐和园，印象最深的应是昆明湖与万寿山；游北海，则是湖面与琼华岛；苏州拙政园曲折弥漫的水面，扬州个园峻拔的黄石大假山等，也都令人印象深刻。

在造园时，如能利用天然的地形再加人工的设计配合，这样不但节约了人工物力，并且利于景物的安排，造园学上称为"因地制宜"。

中国园林有以山为主体的，有以水为主体的，也有以山为主水为辅，或以水为主山为辅的，而水亦有散聚之分，山有平冈峻岭之别。园以景胜，景因园异，各具风格。在观赏时，又有动观与静观之趣。因此，评价某一园林艺术时，要看它是否发挥了这一园景的特色，不落常套。

中国古典园林绝大部分四周皆有墙垣，景物藏之于内。可是园外有些景物还要组合到园内来，使空间推展极远，予人以不尽之意，此即所谓"借景"。颐和园借近处的玉泉山和较远的西山景，每当夕阳西下时，在湖山真意亭处凭栏，二山仿佛移置园中，确是妙法。

中国园林，往往在大园中包小园，如颐和园的谐趣园、北海的静心斋、苏州拙政园的枇杷园、留园的揖峰轩等，他们不但给园林以开朗与收敛的不同境界，同时又巧妙地把大小不同、结构各异的建筑物与山石树木，安排得十分恰当。至于大湖中包小湖的办法，要推西湖的三潭印月最妙了。这些小园、小湖多数是园中精华所在，无论在建筑处理、山石堆叠、盆景配置等，都是细笔工描，耐人寻味。游园的时候，对于这些小境界，宜静观盘桓。它与廊引人随的动观看景，适成相反。

中国园林的景物主要摹仿自然，用人工的力量来建筑天然的景色，即所谓"虽由人作，宛自天开"。这些景物虽不一定强调仿自某山某水，但多少有些根据，用精炼概括的手法重现。颐和园的仿西湖便是一例，可是它又不尽同于西湖。亦有利用山水画的画稿，参以诗词的情调，构成许多诗情画意的景色。在曲折多变的景物中，还运用了对比和衬托等手法。颐和园前山为华丽的建筑群，后山却是苍翠的自然景物，两者予人不同的感觉，却相得益彰。在中国园林中，往往以建筑物与山石作对比，大与小作对比，高与低作对比，疏与密作对比，等等。而一园的主要景物又由若干次要的景物衬托而出，使宾主分明，像北京北海的白塔、景山的五亭、颐和园的佛香阁便是。

中国园林，除山石树木外，建筑物的巧妙安排，十

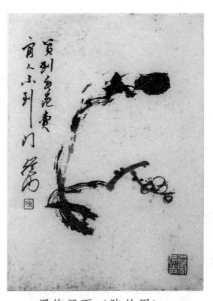

墨梅册页（陈从周）

分重要，如花间隐榭、水边安亭。还可利用长廊云墙、曲桥漏窗等，构成各种画面，使空间更加扩大，层次分明。因此，游过中国园林的人会感到庭园虽小，却曲折有致。这就是景物组合成不同的空间感觉，有开朗，有收敛，有幽深，有明畅。游园观景，如看中国画的长卷一样，次第接于眼帘，观之不尽。

"好花须映好楼台"，到过北海团城的人，没有一个不说团城承光殿前的松柏布置得妥帖宜人。这是什么道理？其实是松柏的姿态与附近的建筑物高低相称，又利用了"树池"将它参差散植，加以适当的组合，使疏密有致，掩映成趣。苍翠虬枝与红墙碧瓦构成一幅极好的画面，怎不令人流连忘返呢？颐和园乐寿堂前的海棠，同样与四周的廊屋形成了玲珑绚烂的构图，这些都是绿化中的佳作。江南的园林利用白墙作背景，配以华

滋的花木、清拔的竹石，明洁悦目，又别具一格。园林中的花木，大都是经过长期的修整，使姿态曲尽画意。

园林中除假山外，尚有立峰，这些单独欣赏的佳石，如抽象的雕刻品，欣赏时，往往以情悟物，进而将它人格化，称其人峰、圭峰之类。它必具有"瘦、皱、透、漏"的特点，方称佳品，即要玲珑剔透。中国古代园林中，要有佳峰珍石，方称得名园。上海豫园的玉玲珑、苏州留园的冠云峰，在太湖石①中都是上选，使园林生色不少。

若干园林亭阁，不但有很好的命名，有时还加上很好的对联，读过刘鹗的《老残游记》，总还记得老残在济南游大明湖，看了"四面荷花三面柳，一城山色半城湖"的对联后，暗暗称道："真个不错。"可见文学在园林中所起的作用。

不同的季节，园林呈现不同的风光。北宋名山水画家郭熙在其画论《林泉高致》中说过："春山淡冶而如笑，夏山苍翠而如滴，秋山明净而如妆，冬山惨淡而如睡。"造园者多少参用了这些画理，扬州的个园便是用了春夏秋冬不同的假山。在色泽上，春山用略带青绿的石笋，夏山用灰色的湖石，秋山用褐色的黄石，冬山用白色的雪石。黄石山奇峭凌云，俾便秋日登高。雪石罗堆厅前，冬日可作居观，便是体现这个道理。

晓色春开，春随人意，游园当及时。

---

① 太湖石产于中国江苏省太湖区域，是一种多孔而玲珑剔透的石头，多用以点缀庭院之用，是建造中国园林不可少的材料。

中国的园林艺术与美学

诸位都是搞美学的，我是搞建筑和园林的。当然建筑、园林也涉及美学，同美学的关系很深。但毕竟建筑、园林还是一个单独的学科。所以我只能从园林的角度，从建筑的角度，把自己学到的一点东西，提出来向诸位讨教，同诸位讨论，可能会讲许多门外汉的话，我是抱着学生的态度来的，我想大家是会原谅我的。

我今天只谈风月，与君约略话园林。

自从旅游事业兴起以来，世界上不少国家都在掀起一阵中国园林热。前年我去美国纽约搞了一个中国园林，那边就对我国园林推崇备至，影响很大。

现在大家都晓得中国园林好，漂亮。到底好在哪里？为什么漂亮？这个问题同美学关系很大。过去大家讲中国园林有诗情画意。一到花园就要想作诗画画。这诗情画意是怎么出来的呢？这同美学有关系，同情感有关系。过去我国有句话说"私订终身后花园，落难公子中状元"。为什么在后花园私订终身？为什么不在大门口私订终身？花园里有诗情画意，有情感。内因是根据，外因是条件，有这个条件就促进了他们的爱情。所以园林里有诗情画意。

对于中国人欣赏美的观点，我们只要稍微探讨一下，就不难看出，无论我们的文学、戏剧，我们的古典园林，都是重情感的抒发，突出一个"情"字。所以"私订终身后花园，落难公子中状元"，他们就在这个花园里有了情。中国人讲道义，讲感情，讲义气，这都同情有关系。文学艺术如果脱离了感情的话，就很难谈了。中国人以感情悟物，进而达到人格化。比如以园林里的石峰来说，中国园林里堆石峰，有的叫美人峰，有的叫狮子峰、五老峰，有各种名称。其实它像不像狮子呢？并不像。像美人吗？也并不像。还讲它像什么五老，并不像。为什么有这么多名称？这是感情悟物，使狮子、石头达到人格化。欣赏的是它们的品格。而国外花园中的雕塑搞得很像很像，这就是各个国家、各个民族的审美习惯不同。中国人看东西，欣赏艺术往往带有自己的感情，要加入人的因素。比如，中国的花园建造有大量的建筑物，有廊柱、花厅、水榭、亭子等等。我们知道一个园林里有建筑物，它就有了生活。有生活才有情感，有了情感，它才有诗情画意。"芳草有情，斜阳无语，雁横南浦，人倚西楼。"这里最关键是后面那句，"人倚西楼"。有楼就有人，有人就有情。有了人，景就同情发生关系。所以中国园林以建筑为主，是有它的道理的。原始森林是好看的，大自然风光是好看的，但大自然给人的美同人为的美在感情上就有区别。为什么过去中国造花园，必先造一个花厅？花厅可以接客，有了花厅以后，再围绕花厅造景，凿池栽树，堆叠假山。所以中国的风景区必然要点缀建筑物，以便于游览者的行脚。比如泰山就有个十八盘。登泰山开始，先要游岱庙，到了泰山脚，还有一个岱宗坊，过了岱宗坊还有大红门，再到中天门，中天门上去才到南天门。在这个风景区也盖了大量的建筑物。这样步步加深，步步有景。所以中国的园林和风景区，同建筑有着极为密切的关系。从美学观点看就是同人发生关系，同生活发生关系，同人的感情发生关系。

中国的园林，它的诗情画意的产生，是中国园林美的反映。我个人有这么个观点：它同文学、戏剧、书画，是同一种感情不同形式的表现。比方说，明末清初的园林，同晚明的文学、书画、戏剧，是同一种思想感情，只是表现的形式不同。明末的计成，他既是园林家，也是画家。清朝的李渔也是园林家，又是一个戏剧家。中国文化是个大宝库，从这个宝库中可以产生出很多很多不同的学问来。而中国文化又不是孤立的，它们互相联系，互相感染。可以说中国园林是建筑、文学艺术等的综合体。

中国园林叫"构园"，着重在"构"。有了"构"以后，就有了思想，就有了境界。"构"就牵涉到美学，所以构思很重要。中国好的园林就有构思，就有境界。王国维在《人间词话》中说，词要有境界，晏几道有晏几道的境界，李清照有李清照的境界。所以我就提出八个字："园以景胜，景以园异。"许多外国人来中国旅游，中国导游人员讲花园，讲不出境界。外国人看这个花园有景在里头，那个花园也有景在里头，有什么不同？导游人员就讲不出，他不懂得"园以景胜，景以园异"。我们造园林有一条，就是同中求异。同中求不同，不同中求同，即所谓"有法而无式"。"法"是有的，但是"式"却没有，没有硬性规定。我们有许多人造园，不是我讲笑话，就好像庸医，凡是发烧就用一个方子。如果烧不退，另外方子就拿不出来，这就说明他没有理论上的武装。有了园林的理论再去学习园林设计，那个园林才是好的。最近同济大学修了个花园，我回来一看就批评起来。我问："是哪个人叫你搞的？你把你造这个花园的理论讲出来，讲出来我服。好！你讲不过我就拆。为什么造这个建筑，为什么种那株树，你说服不了人，说明你没有一个理论。"我们有些风景区之所以搞不好，就是这个原因。最近我到泰山去，泰山要造缆车。我说泰山是什么山？泰山是国家统一、民族团结的象征。是我们国家的山，民族的山，是风景区，是个国宝。你在那里搞个缆车，在原则上讲不通。我们知道，外国在旅游上有一条，叫旅游关系问题。一个是旅，一个是游。旅要快，游要慢。旅游是有快有慢。就好像我们在外头吃中饭一样，在国内吃饭，是等的时候多，吃的时候少。而在外国是吃的时间长，等的时候少。外国旅游也是旅的时间少，游的时间多。我们现在呢？泰山装上缆车，一下子就到泰山顶上，那么还游什么？我们是登山唯恐不高，入山唯恐不深。你这个缆车一装以后，泰山就不高了，根本违反旅游原则。另一方面，人家一游就跑了，我们还有什么生意买卖可做呢？这叫愚蠢至极。日本的富士山是他们的国宝，他们就不造缆车。日本人到中国来做生意，要造缆车，他们门槛很精。如果我们在泰山装缆车就上当了，就得不偿失。你们造缆车，就等于从上海到北京，坐上飞机一下子就到了，还搞什么旅游？

中国园林，各园都有不同的特点，不同的指导思想。做事情没有一个指导思想，就不能将事办好。比如上海最近有股风，搞绿化都喜欢在围墙边种水杉。好啊！围墙是为了防盗，墙里种水杉正好方便了小偷。古园靠墙，只种芭蕉不种树，就是这个道理。所以中国造花园，首先要立意。任何东西不立意不成。立意之后就要考虑如何得体。立意与得体两件事是联系起来的。造园也要讲究得体。大花园有大花园的样子，小花园有小花园的样子。苏州的狮子林，贝聿铭建筑大师去，他看了觉得不舒服，说这个花园是哪个修的？我说，你家的那个账房先生请来一些宁波匠人，宁波匠人造苏州花园，搞了一些大的亭子，大的桥，风格就不对，园林小而东西塞得多，这就不得体。苏州网师园有什么好？就是它得体，它园林小，亭子也造得小，廊子也造得小，看上去就很相称。现在有的男青年，穿得花枝招展，你讲他不好，他觉得蛮漂亮，你讲他好吧，实在不高明。

齐白石老先生曾画过一只雄鸡，上面题了十个字："羽毛自丰满，被人唤作鸡。"用来讽刺他们，讥笑得很得体。有些人盲目学外国人，男的留长发，也不得体。理得短一点英俊一些有什么不好呢？所以，处事要因事制宜。造园要因地制宜。

园林的立意，首先考虑一个"观"字。我曾经提出过"观"，有静观，有动观。什么叫动观？动与静，是相对的，世界上没有相对论，便没有辩证法，就不成其为世界。怎样确定这个园子以静观为主呢？或者以动观为主呢？这和园林的大小有关系。小园以静观为主，动观为辅。大园以动观为主，静观为辅。这是辩证法，园林里面的辩证法最多。这样一来得到什么结论呢？小园不觉其小，大园不觉其大，小园不觉其狭，大园不觉其旷，所以动观、静观有其密切关系。我们现在的画，展览会里的大幅画，是动观的画。这种大画挂到书房里，那就不得体了，书房画要耐看，宜静观。

动观、静观这个原则要互相结合。要达到"奴役风月，左右游人"。什么叫"奴役风月"呢？就是我这个地方要它月亮来，就掘个水池，要它风来，就建个敞口的亭廊，这样风月就归我处置了。"左右游人"，就是说设计好要他坐，他就坐，要他停就停，要他跑就跑。说句笑话："叫他立正不稍息，叫他朝东不朝西，叫他吃干不吃稀。"这就涉及心理学，涉及美学。要这样做，就要"引景"。杭州西湖，有两个塔，一个保俶塔在北山，一个雷峰塔在南山，后来雷峰塔塌了，所有的游人，全部往北部孤山、保俶塔去了。后来我提出，"雷峰塔圮后（即倒了），南山之景全虚"，南山风景没有了。这就是说没有一座建筑去"引"他了。所以说西湖只有半个西湖。北面西湖有游人，南面西湖没有游人。我建议重建雷峰塔，以雷峰塔作引景，把人引过去。园林要有"引景"把他"引"过去。所以，山峰上造个亭子，游客就会往上爬。"引景"之外呢，还有"点景"。景一点，这样景就"显"了。所以，你看，西湖的北山，保俶塔一点以后，北山就"显"出来了。同样颐和园的佛香阁一点以后，万寿山也就"显"出来了。不懂得"引景"，不晓得"点景"，就不了解园林的画意。还有"借景"，什么叫"借景"呢？"借景"就是把园外的景，组合到园内来。你看颐和园，如果没有外面的玉泉山和西山，这个颐和园就不生色了。他一定要把园外的景物借进来，比方说，一座高房子，旁边隔壁有花园，透过窗户，人家的花园就同自己花园一样。如果隔壁是工厂，就觉得不舒服，所以我们现在要讲环境美，这也要"借景"。还有呢？是"对景"。使这个景同那个景相映成趣。比如说今天讲课，我同诸位的关系，就是对景关系。园林讲对景，处世讲态度，"态度"也是对景，现在外面有些"小师傅"，好像"还他少，欠他多"，对景真不舒服。

　　动观、静观、点景、引景、对景，总的还在于"因地制宜"。"因地制宜"也是个辩证法，就是根据客观的条件来巧妙安排，比如说：园林的凹地就因它的低，挖成池子，那面的高地，就再增加其高度堆积假山。这叫作因地制宜。我们造园，就要因地而造成"山麓园、平地园、市园、郊园"……山麓建的园，就要按山麓的地形来造园。

陕西骊山有个华清池，是杨贵妃洗澡的地方，它应该按山麓园布置高低。可是搞设计的那位大先生，却是法国留学生，他把地全部铲平，用法国图案式的设计，这样就不妥当了。所以说，"因地制宜"是相当重要的设计原则。造园先要懂得这许多原则，而这些原则在美学上是什么理论呢？我个人的看法，就是真，真就是美。不真不美，例如堆山，完全能表现出石纹石质，那才是美的。树木参差也是美。人也如此，讲真话是美，讲假话不美。矫揉造作，两面派，包括建筑上的虚假性装饰，如西郊公园的水泥熊猫，城隍庙池子里搞的水泥鱼，就不美！现在搞水印木刻，唐伯虎的画，齐白石的画，风格几乎一样，毛病就是不真，它不是作者自己的表现，而是雕刻人的手法。我们园林艺术要"虽由人作，宛自天开"。这就是"真"。外国有个建筑师说："最好的建筑是地上生出来的，而不是上面加上去的。"这句话还是深刻中肯的。最好的园林确定哪里造一个亭子，哪里造几间廊子，这应该是天配地适，就是说早已安排好了的。这就是好建筑。最近对大观园争论很多，我讲，你们不要上曹雪芹的当呀！曹雪芹已经讲了，大观园洋洋大观，是夸张之词，对不对？硬拿着曹雪芹《红楼梦》来设计大观园，一设计就要三百亩地呀！所以上次《红楼梦》大观园模型展览会上，我就这么讲："红楼一梦真中假，大观园虚假幻真，欲究当年曹氏笔，莫凭世上说纷纭。"这就是《红楼梦》中大观园真中有假，假中有真。这个花园，有花园之意，无花园之实，它是一个园林艺术的综合品。所以，以虚的东西去求实的，就没意思！园林上的许多问题，不提到美学高度来分析，只停留在一个形式，这就是形式主义。中国园林是有中国的美学思想、文学艺术的境界的。这个学问是边缘科学，涉及比较多的方面。一般说，我们看花园凡是得体的，都是比较好的花园。凡是矫揉造作的，就不是好花园。归结来归结去，是一个境界的问题。

我讲园林有法，而没式，到底法是什么呢？因地制宜，动观静观，借景对景，引景点景，还有什么对比、均衡等许多手法。这许多手法，怎么具体灵活来运用它，看来是简单，而实际并不简单，说它不简单又简单，这如做和尚一样，有的人终身做和尚，做了一辈子，还没有"悟"道，不是真和尚。这里面有境界高与境界低的问题，园林艺术，对于设计的人来说吧，是水平问题。计成讲过一句话："三分匠七分人"，这句话不得了呀！说这是污蔑劳动人民，造个花园主人倒七分，匠人只三分，你站在什么阶级立场上讲话。其实，不是这个意思。他是说七分主，是主其事者，我们说主其事，是负责设计的人。匠呢？是工作者。设计人境界高，花园好。一本戏的好坏关键在导演。诸位都是美学老师，都是灵魂工程师，将来全国美不美均寄托在诸位身上。我主张美学要同实际联系起来，不要停留在黑格尔等许多外国的名词上。现在提倡美育，这非常重要，要唤起民众哟！

中国园林艺术很巧妙，它运用了许多美学原理。就拿花木种植来讲，主要是求精，求精之外适当求多。有一次我在上海园林局作报告，对局里的一些书记、主任说，你们向上级汇报，光讲十万、五万株苗木，这不说明问题。你们连一株小冬青也算一棵，听听数目不得了，实际起不了作用。中国园林的植树，要求精不求多，先要讲姿态好，尤珍爱古树能入画，这才有艺术性，才能有提高。多而滥还不如少而精。中国人看花。看一朵两朵。外国人求多，要十朵几十朵。中国人看花重花品德，外国人重色，中国人重香，这种香也要含蓄。有香而无香，无香而有香。如兰花，香幽。外国人的玫瑰花，香得厉害，刺激性重，这也是不同的欣赏习惯。

园林中，美的亭、台、楼阁，可以入画，丑的也可以入画，如园林中的石峰，有清丑顽拙等各种姿态，经过设计者的精心安排，均可以入画，这里就有"丑""美"的辩证关系。所以说园林艺术与中国古代美学思想、哲学思想有着紧密联系。有人喜欢游新园，这也是不在行。从前扬州人骂盐商，骂得好："入门但闻油漆香"——新房子；"箱中没有旧衣裳，堂上仕画时人古"——假古董。下面一句骂得凶，"坟上松柏三尺长"。我们现在有的花园"入园但闻油漆香，园中树木三尺长"。所以园林还要经过历史的洗礼。它太新也不好，要"适得其中"，这个"中"，在中国美学中很重要。孔老二讲："过犹不及"，不可做过头，要"得体"，"得体"者就是"中"。所以中国园林的好，求精不求滥。比如讲"小有亭台亦耐看"，"黄茅亭子小楼台，料理溪山却费才"。黄茅亭子，设计得好，也是精品，并不是所有亭子造得金碧辉煌，才是好。"小有亭台亦耐看"。着眼在个

"耐"字。所以说要得体，恰如其分。

中国园林艺术是以少胜多。外国要几公顷造一花园，中国造园少而精。"少而精"，就是艺术的概括和提炼。中国古代写文章精练，五言绝句中只二十个字，写得好。现在剧本中为什么一些对白这么长呀！他不去从古代剧本中吸收精华，所以废话特别多。你去看《玉簪记》，"琴挑"的对白多么好，一个男的在弹琴，弹的是《凤求凰》。女的问他，"君方盛年，为何弹此无妻之曲？"回答是"小生实未有妻"，他马上坦白交代。女的接着说："这也不关我事。"好！这三个句子，调情说爱，统统有了。所以"精练"这个手法是我们美学上、文艺理论上一个高度的手法。

园林中还有一个还我自然的问题。怎么叫"还我自然"，我们造花园。就要自然。自然是真，真就是美，我们欣赏风景区，就要欣赏它的自然。当然风景区并不是一个荒山，需要我们人工的点缀，这就涉及美学问题。什么样的风景区，就要加上什么样的建筑，当然包括点景、引景等这许多原则。搞得好，他是烘云托月，把自然的景色烘托得更美。我们要"相地"，要"观势"。从前的风水先生，他也要"观"，要"相"呢。你们知道，中国的名山大部分都有和尚庙，他也要"相地"，也要"选址"。选地点，是有规律的，它是一个综合的研究。你看和尚庙，他选的地方一定有水，有日照，没有风，房子没有造，他先搭茅棚住在这里，住上一年之后，完全调查清楚之后才正式建造的。所以天下名山僧占多。他要生活，又要安静，他就要有一个很好的地点。所以选地非常重要，不但庙的选址，有名的陵墓的选址，也是这样。比如南京的明孝陵，风不管多么大，跑到明孝陵便没有风。了不起啊！跑到中山陵则性命交关，风大得不得了，明孝陵望出去，隔江就是对景，中山陵就没有对景。所以过去好的坟墓，比如北京的十三陵，群山完全是抱起来的，因此选址很重要。

我主张在风景区搞建筑物，要宜隐不宜显，宜低不宜高，宜麓不宜顶，宜散不宜聚。要谦虚点嘛，不要搞个大建筑，外国人来，喜欢住你这个高楼大厦么？风景区搞建筑，如果不谦虚，要突出你个人，必然走向反面，搬起石头砸自己的脚，给人家骂。所以风景区搞建筑，先把老的公认为优美的建筑修好，大的错误就不会犯。我在设计的问题上，常常提出要研究历史，要到现场去，不看现址不行。你到了那里以后非得两只脚东南西北走一走，才能了解现场。因此不能割断历史，我们搞美学也不能割断中国的美学历史。不懂中国历史，又不了解今天，你不做历史的研究，不做一个调查，那就要犯错误。拿外国的当成神仙，会出笑话。你不明白中国美学体系，不明白中国美学特征，不明白中国人的思想感情，你拿洋的一套来论证，怎么行？我们要立足于本国，以其他做旁证。他山之石，可以攻玉。我们有中国的美学体系，中国的思想体系，中国之所以不亡，也在于此。所以我提倡要读中国历史，要读中国地理。如果不读中国历史，不读中国地理，将来就有亡国灭种的危险。

中国园林，除了建筑、绿化之外，还同中国的画，同中国的诗结合得很紧。画是纸上的东西，诗是文字上的东西，园林是具体的东西。把中国人的感情在具体的东西上体现出来，这就是中国园林了不起的地方。中国园林有许多是真山的概括，真山的局部，真山的一角。从山的局部能想象出整体，由真实的东西概括出简单的东西，这叫作提炼概括。一株树只看到一枝不看到整体，一个亭子只看到一角不看到整体。所以有假山看脚，建筑看顶的说法。此外，还有虚景。虚景就是风花雪月，随时间的转移而景有不同。春有春景，夏有夏景。中国园林是春夏秋冬、晦明风雨都可以游。说来说去就是要从局部见整体。你想要无所不包，结果是一无所包，你越想全就越走向不全。搞中国园林就得懂得这个道理。

　　除了上面说的以外，园林还要借用其他文学，比如亭子的命题之类，来说明风景好坏。大明湖是"四面荷花三面柳，一城山色半城湖"。这两句题诗就点出了大明湖景致特点。所以园林的题词是点景。现在我真不懂，一个园林挂了很多画，比如上次我去苏州，一间外宾接待室挂了四件东西，一件是井冈山，一件南湖，一件延安，一件遵义。你这里是外宾招待所，还是革命纪念馆？还有苏州花园里挂桂林风景画，简直是笑话。园林里还要用什么风景画来烘托。中国园林是综合艺术，中国的园林是从中国文学、中国画中得来的。如果一个园林经不起想象，这个园林就不成功了。一个人到了花园里就会想入非非。想入非非好，应该允许人想入非非，如果不能想入非非，这个人就麻木不仁了。园林要使人觉得游一次不够以后还想来，这个园林就成功了。园林除了讲究一个树木姿态、假山层次、建筑高低之外，还讲究一个雅致问题。雅同审美有关系，同文化有关系。为什么青少年京戏、昆剧不爱看，因为我们的京戏、昆曲节奏慢，而青年人喜欢节奏强烈、刺激的，雅能养性，使人身处花园连烦恼都没有了。比如苏州网师园，我们游一次要半天，两个小青年五分钟就看完了。我有一次陪外宾，游了半天，他们越看越有味道。有许多东西他们不理解。你一讲他明白了，也觉得有味道了。真正对这个园林有所理解，才能把握美在哪里，这样导游人员才能像我们的老师一样做到循循善诱。

一个园林有一个园林的特征，代表了设计者的思想感情，代表了他的思想境界。园林没有自己的特征，这个园林就搞不好。一所好的花园要用美学观点去苦心经营设计，这里构思很重要，它体现了人的思想感情、思想境界，对游人产生陶冶性情的作用。园林是一个提高文化的地方，陶冶性情的地方，而不是吃喝玩乐的地方。园林是一首活的诗，一幅活的画，是一个活的艺术作品。在杭州西湖，一些小青年穿个喇叭裤，戴副大墨镜爬到菩萨身上去拍照，真是不雅，配上菩萨那副光亮的面孔，有什么好看，这样还有什么资格去旅游。诸位是搞美学的，我不过是提供一些看法，供你们将来作文章，帮助呼吁呼吁。

"游"也是一种艺术，有人会游，有人不会游。我问一些人，你们到苏州，那里的园林好吗？他们说：差不多，倒是天平山爬爬，扎劲来。为什么叫拙政园，他连拙政园三个字都不知道，他不懂得游。游要有层次，比如进网师园，就要一道一道进去看，现在它开了后门，让游人从后门进出，就是不懂这个道理，因为他不了解园林以及古代生活情况、起居情况。

造园难，品园也难，品园之后才能知道它的好处在哪里，坏处在哪里。1958 年，苏州修网师园，修好以后，邀我去，一看不行，有些东西搞错了，比如网师园有个简单的道理，这边假山，那边建筑；这边建筑，那边假山，它们位置是交叉的。现在西部修成这一边相对假山，那一边相对建筑，把原来的设计原则搞错了。园林上有许多原则，其实很简单，就是要处理好调配关系。所以能品园才能游园，能游园就能造园。现在造花园像卖拼盘，不像艺术建筑，这就是缺少文化，没有美学修养。

你们是搞美学的，要多写点评论文章，这有好处。比如我们看画，这幅是唐伯虎的，那幅是祝枝山的，要弄清它的"娘家"。任何东西都有个来龙去脉，有个根据。做学问要有所本，搞园林也要有所本。另外，我国古典园林是代表了它那个时代的面貌，时代的精神，时代的文化，这同美学的关系也很大。要全面研究园林艺术，美学工作者的责任也相当重。

1981 年 11 月全国高校美学教师进修班讲演记录稿

中国诗文与中国园林艺术

中国园林，名之为"文人园"，它是饶有书卷气的园林艺术。前年建成的北京香山饭店，是贝聿铭先生的匠心，因为建筑与园林结合得好，人们称之为有"书卷气的高雅建筑"，我则首先誉之为"雅洁明净，得清新之致"，两者意思是相同的。足证历代谈中国园林总离不了中国诗文。而画呢？也是以南宗的文人画为蓝本，所谓"诗中有画，画中有诗"，归根到底脱不开诗文一事。这就是中国造园的主导思想。

南北朝以后，士大夫寄情山水，啸傲烟霞，避嚣烦，寄情赏，既见之于行动，又出之以诗文，园林之筑，应时而生，继以隋唐、两宋、元，直至明清，皆一脉相承。白居易之筑堂庐山，名文传诵，李格非之记洛阳名园，华藻吐纳，故园之筑出于文思，园之存，赖文以传，相辅相成，互为促进，园实文，文实园，两者无二致也。

造园看主人，即园林水平高低，反映了园主之文化水平，自来文人画家颇多名园，因立意构思出于诗文。除了园主本身之外，造园必有清客，所谓清客，其类不一，有文人、画家、笛师、曲师、山师等等，他们相互讨论，相机献谋，为主人共商造园。不但如此，在建成以后，文酒之会，畅聚名流，

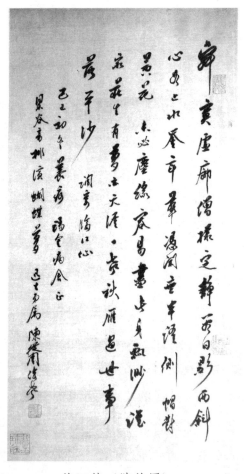

临江仙（陈从周）

赋诗品园，还有所拆改。明末张南垣，为王时敏造"乐郊园"，改作者再四，于此可得名园之成，非成于一次也。尤其在晚明更为突出，我曾经说过那时的诗文、书画、戏曲，同是一种思想感情，用不同形式表现而已，思想感情指的主导是什么？一般是指士大夫思想，而士大夫可说皆为文人，敏诗善文，擅画能歌，其所造园无不出之同一意识，以雅为其主要表现手法。

园寓诗文，复再藻饰，有额有联，配以园记题咏，园与诗文合二为一。所以每当人进入中国园林，便有诗情画意之感，如果游者文化修养高，必然能吟出几句好诗来，画家也能画上几笔晚明清逸之笔的园景来。这些我想是每一个游者所必然产生的情景，而其产生之由就是这个道理。

汤显祖所为《牡丹亭》，而"游园""拾画"诸折，不仅是戏曲，而且是园林文学，又是教人怎样领会中国园林的精神实质，"遍青山啼红了杜鹃，那荼蘼外烟丝醉软""朝日暮卷，云霞翠轩，雨丝风片，烟波画船"。其兴游移情之处真曲尽其妙。是情钟于园，而园必写情也，文以情生，园固相同也。

清代钱泳在《履园丛话》中说："造园如作诗文，必使曲折有法，前后呼应，最忌堆砌，最忌错杂，方称佳构。"一言道破，造园与作诗文无异，从诗文中可悟造园法，而园林又能兴游以成诗文。诗文与造园同样要通过构思，所以我说造园一名构园。这其中还是要能表达意境。中国美学，首重意境，同一意境可以不同形式之艺术手法出之。诗有诗境，词有词境，曲有曲境，画有画境，音乐有音乐境，而造园之高明者，运文学绘画音乐诸境，能以山水花木，池馆亭台组合出之，人临其境，有诗有画，各臻其妙。故"虽由人作，宛自天开"，中国园林，能在世界上独树一帜者，实以诗文造园也。

诗文言空灵，造园忌堆砌，故"叶上初阳干宿雨，水面清圆，一一风荷举"。言园景虚胜实，论文学亦极尽空灵。中国园林能于有形之景兴无限之情，反过来又产生不尽之景，觥筹交错，迷离难分，情景交融的中国造园手法。《文心雕龙》所谓"为情而造文"，我说为情而造景。情能生文，亦能生景，其源一也。

诗文兴情以造园，园成则必有书斋，吟馆，名为园林，实作读书吟赏挥毫之所，故苏州网师园有看松读画轩，留园有汲古得绠处，绍兴有青藤书屋等，此有名可征者，还有额虽未名，但实际功能与有额者相同，所以园林雅集文酒之会，成为中国游园的一种特殊方式。历史上的清代北京怡园与南京随园的雅集盛况后人传为佳话，留下了不少名篇。至于游者漫兴之作，那真太多了。随园以投赠之诗，张贴而成诗廊。

读晚明文学小品，宛如游园，而且有许多文字真不啻造园法也，这些文人往往家有名园，或参与园事，所以从明中叶后直到清初，在这段时间中，文人园可说是最发达，水平也高，名家辈出。计成《园冶》，总结反映了这时期的造园思想与造园法，而文则以典雅骈骊出之，我怀疑其书必经文人润色过，所以非仅仅匠家之书。继起者李渔《一家言居室器玩部》，亦典雅行文，李本文学戏曲家也。文震亨《长物志》更不用说了，文家是以书画诗文传世的，且家有名园，苏州艺圃至今犹存。至于园林记必出文人之手，抒景绘情，增色泉石。而园中匾额起点景作用，几尽人皆知的了。

中国园林必置顾曲之处，临水池馆则为其地，苏州拙政园卅六鸳鸯馆、网师园濯缨阁尽人皆知者，当时俞振飞先生与其尊人粟庐老人客张氏补园（补园为今拙政园西部），与吴中曲友，顾曲于此，小演于此，曲与园境合而情契，故俞先生之戏具书卷气，其功力实得之文学与园林深也。其尊人墨迹属题于我，知我解意也。

造园言"得体"，此二字得假借于文学，文贵有体，园亦如是。"得体"二字，行文与构园消息相通，因此我曾以宋词喻苏州诸园：网师园如晏小山词，清新不落套；留园如吴梦窗词，七宝楼台，拆下不成片段；而拙政园中部，空灵处如闲云野鹤去来无踪，则姜白石之流了；沧浪亭有若宋诗；怡园仿佛清词，皆能从其境界中揣摩得之。设造园者无诗文基础，则人之灵感又自何来。文体不能混杂，诗词歌赋各据不同情感而成之，决不能以小令引慢为长歌，何种感情，何种内容，成何种文体，皆有其独立性。故郊园、市园、平地园、小麓园，各有其体，亭台楼阁，安排布局，皆须恰如其分，能做到这一点，起码如作文章一样，不讥为"不成体统"了。

总之，中国园林与中国文学，盘根错节，难分难离，我认为研究中国园林，似应先从中国诗文入手，则必求其本，先究其源，然后有许多问题可迎刃而解，如果就园论园，则所解不深。姑提这样肤浅的看法，希望海内外专家将有所指正与教我也。

园林与山水画

　　清初画家恽南田（寿平）曾经说过："元人园亭小景，只用树石坡池，随意点置，以亭台篱径，映带曲折，天趣萧闲，使人游赏无尽。"这几句话可供研究元代园林的重要参证。所以，不知中国画理画论，难以言中国园林。我国园林自元代以后，它与画家的关系，几乎不可分割，倪云林（瓒）的清秘阁便是饶有山石之胜，石涛所为的扬州片石山房，至今犹在人间。著名的造园家，几乎皆工绘事，而画名却被园林之名所掩为多。

　　我国的绘画从元代以后，以写意多于写实，以抽象概括出之，重意境与情趣，移天缩地，正我国造园所必备者。言意境，讲韵味，表高洁之情操，求弦外之音韵，两者二而一也。此即我国造园特征所在。简言之，画中寓诗情，园林参画意，诗情

　　能留客的园林是令人左右顾盼，令人想入非非的，园林该留有余地，该令人遐想。

中国园林以素壁为背景，粉墙花影，宛若图画。

画意遂为中国园林之主导思想。

画究经营位置，造园言布局，叠山求文理，画石讲皴法。山水画重脉络气势，园林尤重此端，前者坐观，后者入游。所谓立体画本，而晦明风雨，四时朝夕，其变化之多，更多于画本。至范山模水，各有所自。苏州环秀山庄假山，其笔意兼宋元诸家之长，变化之多，丘壑之妙，足称叠山典范，我曾誉为如诗中之李杜。而诸时代叠山之嬗变，亦如画之风格紧密相关。清乾隆时假山之硕秀，一如当时之画，而同光间之碎弱，又复一如画风，故不究一时代之画，难言同时期之假山也。

石有品种不同，文理随之而异，画之皴法亦各臻其妙，石涛所谓"峰与皴合，皴自峰生"。无皴难以画石。盖皴法有别，画派遂之而异。故能者决不能以湖石写倪云林之竹石小品，用黄石叠黄鹤山樵之峰峦。因石与画家所运用之皴法有殊。如不明画派与画家所用表现手法，从未见有佳构。学养之功，促使其运石如用笔，腕底丘壑出现纸上。画家从真山而创造出各画派画法，而叠山家又用画家之法而再现山水。当然亦有许多假山直接摹拟于真山，然不参画理概括提高，皴法巧运，达文理之统一，必如写实模型，美丑互现，无画意可言矣。

中国园林花木，重姿态，色彩高低配置悉符画本。"枯藤老树昏鸦，小桥流水人家"。文学家、园林家、画家皆欣赏它，因有共同所追求之美的目标，而其组合方法，亦同画本所示者。画以纸为底。中国园林以素壁为背景，粉墙花影，宛若图画。故叠山家张涟能"以意创为假山，以营丘、北苑、大痴、黄鹤画法为之，峰壑湍濑，曲折平远，经营惨淡，巧夺画工"。已足够说明问题了。

1982 年 1 月

园林美与昆曲美

　　正是江南大伏天气，院子里的鸣蝉从早叫到晚，邻居的录音机又是各逞其威。虽然小斋中的这盆建兰开得那么馥郁，然而"树欲静而风不止"。在无可奈何的情况下，我也只好"以毒攻毒"，开起了我们这些所谓"顽固分子"充满了"士大夫情趣"者所乐爱的昆曲来。"袅情丝，吹来闲庭院，摇漾春如线。""朝飞暮卷，云霞翠轩。""雨丝风片，烟波画船。"（《牡丹亭·游园》）悠扬的音节，美丽的辞藻，慢慢地从昆曲美引入了园林美，难得浮生半日闲，我也能自寻其乐，陶醉在我闲适的境界里。

　　我国园林，从明、清后发展到了成熟的阶段，尤其自明中叶后，昆曲盛行于江南，园与曲起了不可分割的关系。不但曲名与园林有关，而曲境与园林更互相依存，有时几乎曲境就是园境，而园境又同曲境。文学艺术的意境与园林的意境是一致的，所谓不同形式表现而已。清代的戏曲家李渔又是个园林家。过去士大夫造园必须先建造花厅，而花厅又多以临水为多，或者再添水阁。花厅、水阁都是兼作顾曲之所，如苏州怡园藕香榭、网师园濯缨水阁等，水殿风来，余音绕梁，隔院笙歌，侧耳倾听，此情此景，确令人向往，勾起我的回忆。虽在溽暑，人们于绿云摇曳的荷花厅前，兴来一曲清歌，真有人间天上之感。当年俞平伯老先生在清华大学工字门水边的曲会，至今还传为美谈，那时，朱自清先生亦在清华任教，他俩不少的文学作品，多少与此有关。

苏州拙政园的西部，过去名补园，有一座名"卅六鸳鸯馆"的花厅，它的结构，其顶是用"卷棚顶"，这种巧妙的形式，不但美观，可以看不到上面的屋架，而且对音响效果很好。原来主人张履谦先生，他既与画家顾若波等同布置"补园"，复酷嗜昆曲。俞振飞同志与其父亲粟庐先生皆客其家。俞先生的童年是成长在这园中的。我每与俞先生谈及此事，他还娓娓地为我话说当年。

中国过去的园林，与当时人们的生活感情分不开，昆曲便是充实了园林内容的组成部分。在形的美之外，还有声的美，载歌载舞，因此在整个情趣上必须是一致的。从前拍摄"苏州园林"，及前年美国来拍摄"苏州"电影，我都建议配以昆曲音乐而成功。昆曲的所谓"水磨调"，是那么的经过推敲，身段是那么细腻，咬字是那么准确，文辞是那么美丽，音节是那么抑扬，宜于小型的会唱与演出，因此园林中的厅榭、水阁，都是最好的表演场所，它不必如草台戏的那样用高腔，重以婉约含蓄怡人，亦正如园林结构一样，"少而精"，"以少胜多"，耐人寻味。《牡丹亭·游园》唱词的"观之不足由他遣"。"观之不足"，就是中国园林精神所在，要含蓄不尽。如今国外自从"明轩"建成后，掀起了中国园林热，我想很可能昆曲热，不久也便会到来的。

昆曲之美，不仅仅在表演艺术，其文学、音韵、音乐，乃至一板一眼，皆经过了几百年的琢磨，确是我国文化的宝库。我记得在"文化革命"前，上海戏曲学校昆曲班，邀我去讲中国园林，有些人看来似乎是"笑话"，实则当时俞振飞校长真是有见地，演《游园》《惊梦》的演员，如果他脑子中有了中国园林的境界，那他的一举一动，便不是无本之木，无源之水了，演来有感情，有生命，有声有色。梅兰芳、俞振飞诸老一辈的表演家，其能成一代宗师者，皆得之于戏剧之外的大量修养。我们有些人今天游园林，往往仅知吃喝玩乐，不解意境之美，似乎太可惜一点吧！

中国园林，以"雅"为主，"典雅""雅趣""雅致""雅淡""雅健"等等，莫不突出以"雅"。而昆曲之高者，所谓必具书卷气，其本质一也，就是说，都要有文化，将文化具体表现在作品上。中国园林，有高低起伏，有藏有隐，有动观、静观，有节奏，宜细赏，人游其间的那种悠闲情绪，是一首诗，一幅画，而不是匆匆而来，匆匆而去，走马看花，到此一游，而是宜坐，宜行，宜看，宜想。而昆曲呢，亦正为此，一唱三叹，曲终而味未尽，它不是那种"崩擦擦"，而是十分婉转的节奏，今日有许多青年不爱看昆曲，原因是多方面的，我看是一方面文化水平差了，领会不够；另一方面，那悠然多韵味的音节适应不了"崩擦擦"的急躁情绪，当然曲高和寡了。这不是昆曲本身不美，而正仿佛有些小朋友不爱吃橄榄一样，不知其味。我们有责任来提高他们的水平，而不是降格迁就，要多做美学教育才是。

我们研究美学，要善于分析，要留心眼前复杂的事物，要深究其内在的关系。审美观点，有其阶级局限性，但我们要去研究它，寻其产生根源因素，找它在美上的表现，取其长而摒其短，囫囵吞枣，徒然停留在名词概念上，是缘木求鱼。我们历史中有许多在美学研究上，要我们努力去寻求的，今天随便拉了这个题目，说来也不够透彻，如是而已。我们要实事求是，以历史唯物主义观点，辩证地去解释它，要尊重自己的民族，自己的历史，自己的文化。多学一些大家容易接受的美学知识，想来同志们是必然同意的吧！

写到此，那"粉墙花影自重重，帘卷残荷水殿风"，《玉簪记·琴挑》的清新词句，又依稀在我耳边，天虽仍是那么热，但在我的感觉上又出现了如画的园林。

1981 年大伏

以园解曲　以曲悟园

　　园林与昆曲本是同根的姐妹行，园景与曲景不可分也。古来大曲家又是大园林家。清代的李渔（笠翁）可说是曲、园两界大家所知晓的。近几十年来，受了西方的影响，我国固有的传统被渐渐淡忘了，昆曲界除了俞振飞先生外，几乎很少人过问了。前几年我写了一篇《园林美与昆曲美》，俞老拍案叫绝，他说你救了园林，救了昆曲。这个道理说了出来，将使两种艺术又重现了相互辉映的前途。当然知音之感，我是忘不了他的卓见。如今这两界的人，渐渐清楚了，苏州诸园与上海豫园纷纷以昆曲进园，平添了园林雅事。造园工作者也知道昆剧的艺术，不论身段、唱腔、唱词，莫不对造园大有启发。而昆剧的一些名演员，又都常常信步园林。如今"以园解曲，以曲悟园"。梁谷音便是钟情山水、知己泉石的一位，确是聪明人。

近两年来，我主持上海豫园东部重建工程，几乎天天在园中，梁谷音经常来，看我叠山理水，建廊添楼，兴趣特别好，虽然盛暑不辞辛苦。我问她，你干劲为什么这么足，她说造园等于排戏，在排戏中可以看出名堂来，造好后等于演出，过程与辛苦，如何推敲，都看不见了，真说得到家。豫园占地仅七亩，是小园，她以折子戏的严谨性，来观察造园时布局安排的周密与逻辑。一山一木，一亭一榭，无异舞台上一举一动，一词一句，而园林的韵律，曲折高下，又同昆曲无二致。因此她看得细，有时提出点问题和看法，对我有很大帮助。反过来，这样的探讨我倒又从她那里学到了很多曲理。为了观察廊子与水面，以及堂轩中的声音效果，她歌喉乍啭，用以验证在园中唱曲时的音响是否理想，因为中国园林中必顾曲，所谓声与景交融成趣。她喜欢观鱼，往往以食为饵，斜倚水廊，静看游鱼的动态，她体会到鱼在水中，其灵活自如，正如演员在台上的台步，要轻灵，有规律中似乎无规律，无规律中却有规律。走过假山石旁，口中哼起《牡丹亭·惊梦》的"转过这芍药栏前，紧靠着湖山石边"的唱词，在粉墙下又唱起《玉簪记·琴挑》的"粉墙花影自重重，帘卷残荷水殿风"。我看她如醉如痴，确实园林对一位昆剧表演家来说，起了极微妙的作用。她又特别关心豫园正在建造的专演昆剧的古戏台戏楼，自己爬上脚手架去，与工人们一起商量研究，希望建成为中国昆剧演出基地。她说这样真使人体会到"园林美与昆曲美"了。

曲要静听，园宜静观，观之才有得，梁谷音的舞姿是那么玲珑活泼，吐纳曲词，又那么清脆婉转，而在赏园品园上，却沉静凝神，若有所思，是将两种艺术作为融会的学习。她随我学园，是现代昆剧界第一个人，她以此充实提高她的昆剧艺术，将为昆剧更好步出新的境界。

以小诗报谷音一笑！

才人妙解痴人语，
未必景情异曲情：
品石拈花才一笑，
曲园本是同根生。

村居与园林

　　我国广大劳动人民居住的绝大部分地区——农村，在居住的所在，历来都进行了绿化，以丰富自己的生活。这种绿化又为我国园林建筑所取材与模仿。农村绿化看上去虽然比较简单，然在"因地制宜""就地取材""因材致用"这三个基本原则指导之下，能使环境丰富多彩，居住部分与自然组合在一起，成为一个人工与天然相配合的绿化地带，也非易事。这在小桥流水、竹影粉墙的江南更显得突出。这些实是我们今日应该总结与学习的地方。在原有基础上加以科学分析和改进提高。将对今后改良居住环境与增加生产，以及供城市造园借鉴，都有莫大好处。

　　我国幅员辽阔，地理气候南北都有所不同，因而在绿化上，也有山区与平原之分。山区的居民，其建筑地点大都依山傍岩，其住宅左右背后，皆环以树木，我们伟大领袖毛主席的湘潭韶山冲故居，即是一个好例。至于平原地带村落，大都建筑在沿河或路旁，其绿化原则，亦大都有树木环绕，尤其注意西北方向，用以挡烈日防风。住宅之旁亦有同样措施。宅前必留出一块广场，以作晒农作物之用。广场之前又植树一行，自划成区。宅北植高树，江南则栽竹，既蔽荫又迎风。鸡喜居竹林，因为根部多小虫可食，且竹林之根要松，经鸡的活动，有助竹的生长，两全其美。宅外的通道，皆芳树垂荫，春柳拂水，都是极妙的画图。这些绿化都以功能结合美观。在江南每以常绿树与落叶树互相间隔，亦有以一种乔木单植的，如栗树、乌桕、楝树，这些树除果实可利用外，其材亦可利用。硬木如檀树、石楠，佳材如银杏、黄杨，都是经常见到的。以上品种每年修枝与抽伐，所得可用以制造农具与家具。至于浙江以南农村的樟树，福建以南农村的榕树，华北的杨树、槐树，更显午荫嘉树清圆，翠盖若棚，皆为一地绿化特征。利用常绿矮树作为绿篱，绕屋代墙。宅旁之竹林与果树，在生产上也起作用。在河旁溪边栽树，也结合生产，如广州荔枝湾就是在这原则下形成的。池塘港湾植以芦苇或布菱荷，如嘉兴的南湖，南塘的莲塘，皆为此种栽植之突出者。这些都直接或间接影响到造园。虽然园林花木以姿态为主，与大自然有别，却与农村村居为近，且经修剪，硬木树尤为入画。因此如"柳荫路曲""梧竹幽居""荷风四面"等命题的风景画，未始不从农村绿化中得到启发的，不过再经过概括提炼，以少胜多，具体而微而已。

对于古代园林中的桥常用一面阑干，很多人不解。此实仿自农村者。农村桥农民要挑担经过，如果两面用阑干，妨碍担行，如牵牛过桥，更感难行，因此农村之桥，无阑干则可，有阑干亦多一面。后之造园者未明此理，即小桥亦两面高阑干，宛若夹弄，这未免"数典忘祖"了。至于小流架板桥，清溪点步石，稍阔之河，曲桥几折，皆委婉多姿，尤其是在山映斜阳、天连芳草、渔舟唱晚之际，人行桥上，极为动人。水边之亭，缀以小径，其西北必植高树，作蔽阳之用，而高低掩映，倒影参错，所谓"水边安亭""径欲曲"者，于此得之。至于曲岸回沙，野塘小坡，别具野趣，更为造园家蓝本所自。苏州拙政园原多逸趣，今则尽砌石岸，顿异前观。造园家不熟悉农村景物，必导致伧俗如暴发户。今更有以"马赛克"贴池间者，无异游泳池了。

农村建筑妙在地形有高低，景物有疏密，建筑有层次，树木有远近，色彩有深浅，黑白有对比（江南粉墙黑瓦）等，千万村居无一处相雷同，舟行也好，车行也好，十分亲切，观之不尽，我在旅途中，它予我以最大的愉快与安慰。这些景物中有建筑，有了建筑必有生活，有生活必有人，人与景联系起来，所谓情景交融。我国古代园林，大部分模拟自农村景物，而又不是纯仿大自然，所以建筑物占主要地位。造园工人又大部分来自农村，有体会，便形成可坐可留，可游可看，可听可想，别具一格的中国园林。它紧紧地与人结合了起来。

农村多幽竹嘉林，鸣禽自得，春江水暖，鹅鸭成群，来往自若，不避人们。因此在园林中建造"来禽馆"，亦寓此意。可惜今日在设计动物园时，多数给禽鸟饱受铁窗风味，入园如探牢，这也是较原始的设计方法。没有生活，没有感情，不免有些粗暴吧！

1958 年

园林分南北　景物各千秋

　　"春雨江南，秋风蓟北。"这短短两句分明道出了江南与北国景色的不同。当然喽，谈园林南北的不同，不可能离开自然的差异。我曾经说过，从人类开始有居室，北方是属于窝的系统，原始于穴居，发展到后来的民居，是单面开窗为主，而园林建筑物亦少空透。南方是巢居，其原始建筑为棚，故多敞口，园林建筑物亦然。产生这些有别的情况，还是先就自然环境言之，华丽的北方园林，雅秀的江南园林，有其果，必有其因。园林与其他文化一样，都有地方特性，这种特性形成还是多方面的。

　　"小桥流水人家"，"平林落日归鸦"，分明两种不同境界。当然北方的高亢，与南中的婉约，使园林在总的性格上不同了。

北方园林我们从《洛阳名园记》中所见的唐宋园林，多用土穴、大树，景物雄健，而少叠石小泉之景。明清以后，以北京为中心的园林，受南方园林影响，有了很大变化。但是自然条件却有所制约，当然也有所创新。首先对水的利用，北方艰于有水，有水方成名园，故北京西郊造园得天独厚。而市园，除引城外水外，则聚水为池，赖人力为之了。水如此，石南方用太湖石，是石灰岩，多湿润，故"水随山转，山因水活"，多姿态，有秀韵。北方用土太湖、云片石，厚重有余，委婉不足，自然之态，终逊南中。且每年花木落叶，时间较长，因此多用常绿树为主，大量松柏遂为园林主要植物。其浓绿色衬在蓝天白云之下，与黄瓦红柱、牡丹、海棠起极鲜明的对比，绚烂夺目，华丽炫人。而在江南的气候条件下，粉墙黛瓦，竹影兰香，小阁临流，曲廊分院，咫尺之地，容我周旋，所谓"小中见大"，淡雅宜人，多不尽之意。落叶树的栽植，又使人们有四季的感觉。草木华滋，是它得天独厚处。北方非无小园、小景，南方亦存大园、大景。亦正如北宗山水多金碧重彩，南宗多水墨浅绛的情形相同，因为园林所表现的诗情画意，正与诗画相同，诗画言境界，园林同样言境界。北方皇家园林（官僚地主园林，风格亦近似），我名之为宫廷园林，其富贵气固存，而庸俗之处亦在所不免。南方的清雅平淡，多书卷气，自然亦有寒酸简陋的地方。因此北方的好园林，能有书卷气。所谓北园南调，自然是高品。因此成功的北方园林，都能注意水的应用，正如一个美女一样，那一双秋波是最迷人的地方。

我喜欢用昆曲来比南方园林，用京剧来比北方园林（是指同治、光绪后所造园），京剧受昆曲影响很大，多少也可以说是从昆曲中演变出来，但是有些差异，给人的感觉也有些不同。然而最著名的京剧演员，没有一个不在昆曲上下过功夫。而北方的著名园林，亦应有南匠参加。文化不断交流，又产生了新的事物。在造园中又有南北园林的介体——扬州园林，它既不同于江南园林，又有别于北方园林，而园的风格则两者兼有之。从造园的特点上，可以证明其所处地理条件与文化交流诸方面的复杂性了。

现在，我们提倡旅游，旅游不是"白相"（上海方言：玩），是高尚的文化生活，我们赏景观园，要善于分析、思索、比较，在游的中间可以得到很多学问，增长我们的智慧，那才是有意义的。

跋

园林理论家　刘天华

　　窗外的黄梅雨，淅淅沥沥下个不停，细细软软的雨丝打在"八角金盘"肥沃的叶片上，发出轻轻的沙沙声。已经窝在家中好几天了，闲得无事，随手翻着微信上亲友发来的各种信息打发时间。忽然，远在法国尼斯的师妹陈馨一条催稿短信让我目光停住了。数月前，他要我为长江文艺出版社所编的《陈从周说园》一书，写点文字作为"跋"，当时我随口允诺，没想到过了几天却置之脑后了，这也许是老年人的通病吧。为了弥补自己的内疚，我赶忙回复了"已完稿"三字，铺开纸笔，赶忙补起这拖欠的功课来。

　　陈馨是我授业恩师陈从周先生的小女儿，先生师母视之为掌上明珠。1979 年秋我回同济大学读研时，她刚刚从吉林农村考入了上海建材学院而得以回沪，当时去先生家上课，常能碰见她。陈馨秀外慧中，性格娴静，说起话来轻声细语，颇具大家闺秀的风范；似乎对园林也颇有兴趣，先生讲课时，她有时会默默地在一旁听着。后来我毕业去了上海社科院工作，她也随夫去了法国，见面的机会就少了，但偶然还能相遇。有一次在先生家中碰见，与她随意聊天才知我们哲学所办公室主任老丁——一位慈祥的老干部，竟然是她丈夫肖刚的亲戚，我和她似乎又多了一层话缘。

先生仙逝后，陈馨化悲痛为动力，竟然发奋研读先生的全部著作，不辞辛劳地整理先生文稿。在很长一段时间内，读先生的文字成了师妹唯一的精神寄托，用她自己的话来说，是"唯一的相伴之侣"。她还和浙江大学宋老师一起编撰了《陈从周全集》，成了陈从周先生园林文化研究者中的一员主将。近年来上海几家主要报刊上，都发表了陈馨研究先生的文章，着实令我等先生"正儿八经"的弟子感到汗颜。去年是先生诞辰 100 周年，在上海、在同济大学的一系列活动，我们都参加了，又一起去了杭州和昆明。去年 12 月 11 日，我们在安宁楠园门口匆匆握别，我和正平兄去了大理，她经上海返回尼斯，一晃又过去了大半年。

《陈从周说园》收入了先生部分脍炙人口的美文。尽管坊间流传的先生散文集不下数十种，但长江文艺出版社新编的这一册可说是别具匠心，架构新颖，将先生有代表性的园林文字分为"说""游""景""趣"四个部分。如果说，在当代风景园林文字的花园中，先生的散文是"奠一园之体势者"的主要厅堂，那么这"说""游""景""趣"便是支撑起厅堂的四根大柱，如能悟出此道，实为不易。二十世纪九十年代，我也编过一本先生的文集，名之为《园韵》，是上海文化出版社出版，又被收入《文化四合院》丛书，当时我就考虑过，先生那么多散文，到底应该如何分类，至今方有满意的答案，真要谢谢长江文艺出版社了。